노화의 시계를 되돌리는

씨놀의 파워

No other antioxidant comes close to the strength of seanol

그 어떤 항산화제도 씨놀의 위력을 따라올 수 없다

노화의 시계를 되돌리는

씨놀의 파워

1판 4쇄 : 인쇄 2016년 07월 20일
1판 4쇄 : 발행 2016년 07월 25일

지은이 : 김용학
펴낸이 : 서동영
펴낸곳 : 서영출판사

출판등록 : 2010년 11월 26일 제(25100-2010-000011호)
주소 : 서울특별시 마포구 서교동 465-4, 광림빌딩 2층 201호
전화 : 02-338-0117 팩스 : 02-338-7161
이메일 : sdy5608@hanmail.net

디자인 : 이원경

ISBN 978-89-97180-47-9 14590

노화의 시계를 되돌리는

씨놀의 파워

"Seanol is the greatest natural wonder after discovery of morphine!!!"

"씨놀은 몰핀 이후의 최고의 천연 신물질이다."

- Robert J. Rowen, MD -

2015 · 서영

차례

노화를 되돌리고 질병을 치유하는 씨놀의 7가지 특징 4장

씨놀은 어떻게 만성 퇴행성질환의 치유에 작용하는가? 5장

생활 건강과 씨놀 6장

세계적으로 인정받는 씨놀의 위력 7장

씨놀을 통해 건강을 되찾은 사람들의 이야기 8장

Prologue

씨놀과의 만남

나의 대학에서의 전공은 금속재료 공학으로 30대까지는 인체보다는 물질의 재료를 연구하고 다루는 일을 하였다. 하지만 유전적으로 고질적인 질병과 생명에 대한 강한 탐구심으로 40대에 생명의 세계인 세포와 영양학의 세계에 입문하였다.

처음에는 호기심과 절박함으로 홀로 독학으로 공부하였으나 독학에는 한계가 있어 대학원에 다시 입학하여 전공을 식품영양학으로 바꾸고 공부한 뒤, 약 15년 동안 환자들을 만나고 상담하며 식품과 영양의 중요성을 강의하였다.

그동안 많은 사람들과 만나고 또 새로운 물질을 접하였고 수없이 많은 건강식품을 건강을 잃은 환자들에게 적용해 보았다. 그러나 가장 큰 아쉬움은 건강식품이 아무리 뛰어나도 급성적으로 발생되는 환자들의 통증과 염증은 소염진통제에 의존할 수밖에 없었다는 것이다. 따라서 많은 사람들은 소염진통제가 나쁜 것을 잘 알지만 어쩔 수 없이 상용하면서 통증을 견딜 수밖에 없다는 것이 너무 안타까운 현실이었다.

건강식품이나 음식으로 질병을 치료하는 것이 좋다는 것은 3살 먹은 아이들도 다 알고 있는 사실이지만 정작 자신에게 통증이 닥치면 소염진통제나 스테로이드제와 같은 강력한 통증억제제를 사용하지 않을 수 없다. 필자의 경우도 심한 통풍성 관절염으로 약 30여년을 자연치료로 극복하려 했지만 유전적으로 취약한 기능장애를 극복하는 데는 많은 어려움이 있었다.

어쩌다 좋은 자연 의학적 치료를 시험하다 보면 여지없이 호전반응으로 나타나는 급성 염증들은 참기 힘든 고통이었고 그때는 어쩔 수 없이 병원 약에 의존하면서 통증을 다스린 경험이 있다.

현대인들은 만성적인 통증에 시달리고 있다. 그 통증의 원인은 만성염증이고 만성염증은 우리 사회에 사는 동안 누구도 피해갈 수가 없다.

몇 년 전에 필자가 한언출판사에서 번역 출간한 '기적의 영양치료법'은 통증으로부터 벗어나는 근원적인 치료법을 제시하였고 많은 사람들로부터 좋은 책을 출판해주셔서 고맙다는 인사를 많이 받았다. 그 책의 원제목은 '신의학新醫學'이다. 즉 서양의학과 동양의학에서 간과하고 있는 현대인을 위한 질병의 새로운 치료 패러다임을 제시한 것이고 그것을 지금은 의사들에 의해서 '기능의학'이라고 부른다.

그런데 이 책 '기적의 영양치료법'에서 제시하는 만성염증을 근원적으로 퇴치하고 노화를 막는 방법도 역시 강력한 항산화제의 사용과 균형 잡힌 영양소로 제시되고 있다. '기적의 영양치료법'에서 제시하고 있는 항산화제는 대부분 육상의 햇빛 환경에서 자라나는 약용식물을 소개하고 있는데 사실 그 정도의 기능으로는 만성염증을 근원적으로 억제하기에는 다소 부족함이 많다.

나도 오랜 시간 '기적의 영양치료법'에서 소개된 허브추출물이나 항산화제를 사용해 왔지만 무언가 아쉬움과 부족함이 있었다. 따라서 급성, 만성 염증의 획기적인 천연 치료물질이 세상에 출현하기를 오랫동안 고대하고 있었다.

그런데 어느 날 홍채와 영양학을 강의하던 중 평소 잘 알고 지내던 회장님이 나에게 갑자기 "씨놀"이라는 물질을 들어 보셨느냐고 물으시는 것이다.

이 질문이 계기가 되어 나는 씨놀을 접하게 되었다. 평상시에는 그냥 새로운 물질이 하나 있나 보다 하고 지나갔을 텐데 바다의 감태에서 추출한 물질이라는 말에 강한 호기심이 발동했고 그날 이후 지금까지 단 하루도 씨놀[01]이라는 말을 떠나지 못하고 있다.

처음 나를 강하게 이끈 것은 그동안 내가 가장 아쉽게 생각해 왔던 염증의 천연치료 물질이라는 것에 있었다. 더불어 씨놀의 인터넷 자료를 찾아보니 대부분 강한 항염증 작용과 다기능 슈퍼 항산화 기능으로 혈액과 혈관을 개선시켜 CNS(중추신경계) 질병부터 암에 이르게까지 수많은 질병의 치료에 도움을 준다는 내용이었다.

내 개인적인 성향은 누가 좋다고 소개해주면 대부분의 사람은 자신이 먹어보고 체험을 통해 확신을 갖지만 나는 먹어보기 전에 과학적으로 충분한 실험이 되었고 통계적으로 유의성이 있는가를 먼저 검토한 후에 제품을 체험해보는 경향이 있다.

그런데 씨놀사이언스에서 발표된 논문들과 신문 및 잡지에 기재된 내용을 보면서 그 내용이 사실이라면 이건 인류 역사상 엄청난 발견이라는 확신이 들었다. 그 후 나는 먼저 염증치료에 도움이 된다는 씨놀 관절크림을 구매하여 내가 먼저 사용을 해보았다. 나는 개인적으로 27살부터 발병한 통풍성관절염 때

---

01) 씨놀(Seanol)이란 해양 폴리페놀(Sea-Polyphenol)의 줄임말로 한국의 제주 청정 바다에서 자생하는 갈조류(Brown Algae)인 감태(Eckloniacava)에서 추출한 폴리페놀 복합체이다. 폴리페놀은 식물이 자외선으로부터 세포파괴를 억제하기 위해서 만든 물질이다. 폴리페놀은 항산화작용, 함염, 세포재생, 혈행개선 등의 역할 페놀이 다수로 결합되어진 것을 폴리페놀이라고 하며 결합개체수가 1개 많아질수록 상기의 효능이 2~4배 강해진다.

문에 늘상 염증과의 전쟁을 치루고 있는 상태였기 때문에 나에게 적용해보는 것이 가장 좋은 사례가 될 수 있었다. 이제까지 수많은 제품을 사용해 보았지만 늘 보름정도를 사용하면 효과가 있다가 그 후로 계속 사용하면 효과가 없었던 것이 지금까지의 대부분의 일례였다.

그런데 그 씨놀 크림은 시간이 지나도 확실히 염증을 제어하는 것을 느낄 수 있었다. 이런 이야기를 통증 클리닉하는 친구에게 말하니 그 친구도 이미 씨놀을 본인의 내원 환자가 류머티스 관절염에 효과가 있다고 해서 알고 있다는 것이었다.

그 후 나는 내가 관리하고 상담해오던 분들에게 소개를 하여 바르고 먹게 하였는데 그 분들에게도 십여 년을 수많은 건강식품을 먹어 왔지만 개선시키지 못한 만성적인 허리, 골반통증과 비염 등이 사라졌다고 모두 놀라워하면서 크게 고무되어 지금은 모두 씨놀의 매니아가 되었다.

어쩌면 나와 씨놀과의 만남은 오랜 기다림의 결과일지도 모른다.

나는 수십 년 동안 기존의학의 힘으로 고치지를 못하여 평생 고통 속에 사는 많은 사람들을 보면서 그들의 고통을 없앨 수 있는 좋은 천연물질이 세상에 출현하기를 고대해왔다.

이제 기대했던 결과로 나는 씨놀을 알게 되었고 씨놀을 통하여 세상의 고통 받는 많은 사람들이 희망을 안고 행복한 삶을 영위할 수 있도록 보다 많은 사람들에게 씨놀을 알리고 싶다.

끝으로 개발자이신 이행우 박사님과 그 연구팀들의 노고에 감사드리며, 그분들의 연구한 내용을 기반으로 임상 기능영양학적인 면에서 적용하고 체험한 내용을 작은 소견이나마 정리하여 다기능 초강력 슈퍼 항산화제 "씨놀"을 여러분께 소개하고자 한다.

한국 사람의 최근 수십 년간의 부동의 사망원인 1, 2, 3 위는 암, 뇌혈관질환, 심혈관 질환이다. 즉 현대인들이 위의 3가지 질병으로 가장 많이 죽는다는 것이다. 그런데 이 세 가지 질병의 원인은 공통점이 있다. 그것은 바로 혈액오염과 세포노화라고 할 수 있다.

기능영양학과 분자 교정의학에서는 질병과 노화의 근본원인을 크게 세 가지로 분류하고 있다.

첫째, 스트레스와 활성산소stress and free radicals

둘째, 독소와 염증toxins and inflamation

셋째, 영양의 불균형과 결핍nutritionally starved

1장

만병의 근원은 세포의 노화老化와 변형이다

1 스트레스와 활성산소는 노화와 질병의 촉발자

노화의 원인에는 2가지 가설이 있다

첫째는 프로그램설이다

프로그램 설은 미국의 생물학자 헤이후릭이 주장한 세포의 분열 수명을 설명하는 텔러미어telomere 가설이다. 즉 사람의 세포를 배양하면 40~60회 정도 분열하고 더 이상 분열하지 않게 된다는 것으로, 세포에는 분열 횟수를 헤아리는 메커니즘이 있는데 그 메커니즘은 세포의 핵에 있는 텔러미어에 의해 이루어진다는 것이다. 생식세포나 간세포와 같이 지속적으로 일생에 거쳐 분열을 계속하는 세포나 암세포는 텔러미어 성장 효소인 '텔로머라아제'라고 하는 효소의 작용으로 DNA가 복제될 때마다 염색체 양쪽 끝에 텔러미어가 부가되고 있기 때문에 분열 횟수에 끝이 없다고 과학자들은 말하고 있다.

텔러미어는 염색체 DNA의 양쪽 끝에 있는 부분을 가리키며 DNA가 복제될 때에는 말단 부분이 조금씩 짧아져 간다. 그래서 세포는 1회 복제될 때마다 텔러미어 부분이 약 20 염기분씩 짧아져 간다. 이렇게 하여 텔러미어 부분이 거의 없어지는 때가 세포

분열의 한계라고 과학자들은 말하고 있다. 따라서 각각의 세포마다 유전자에 기록된 텔러미어의 숫자에 의해서 분열횟수가 정해지고 그 분열 횟수가 다하면 세포는 더 이상 분열하지 못하고 노화되어 죽게 되어 전체적인 개체수가 줄게 된다. 이렇게 죽어버린 세포가 많아지면 사람의 장기는 그 크기와 기능이 저하되어 결국은 노화에 따른 질병으로 이어진다는 설이다.

그런데 그 분열주기는 몸을 관리하는 주인의 몸 관리 상태에 따라 달라지는데 만일 매일 술을 마신다거나 흡연을 한다거나 혹은 환경이 나쁜 곳에서 일을 하여 몸에 독소가 지속적으로 들어오면 간이나 폐, 혹은 위장 등 유전적으로 취약한 장기는 분열의 주기가 6개월~1년 정도 짧아지게 되고 결국 40~50대에 특정한 장기에 이상이 생기는 경우가 발생한다. 그러나 몸을 관리하는 주인이 몸이 돌아가는 이치를 잘 알고 관리를 잘한다면 그 분열주기는 2~3년이 되어 인간의 생물학적 최대 수명인 125세를 살 수도 있다는 것이 이 이론의 가설이다.

두 번째 설은 프리라디칼(활성산소)**설이다**

근대 과학의 최대의 발견중의 하나는 바로 프리라디컬Free Radical일 것이다. 프리라디컬은 불안정한 전자가 안정화되려는 과정에서 다른 전자를 빼앗는 성질을 가진 원소를 말하는데 대표적인 것이 활성산소다.

활성산소 연구는 1950년대에 미국의 듀크대학 화학주임교수인 저명한 생화학자 프리드비히 교수 등에 의해서 본격적으로 시작되었다. 1969년에는 그의 수제자인 현재 알라바마 대학 생화학 주임교수 맥코드 씨가 앞서 말한 것처럼 몸속에서 활성산소가 지나치게 늘어나 생체에 해를 가하면 동, 식물의 각 세포핵에서는 SOD라는 효소가 만들어지고, 이것이 생체에 해를 주는 활성산소를 제거한다는 사실을 최초로 실험으로 증명하고 이를 발표하였다.

활성산소는 우리가 숨을 쉬는 과정에서도 24시간 발생되는 것으로 우리가 소비하는 산소의 2~5%가 활성산소로 변한다. 우리의 세포내에는 미토콘드리아라는 기관이 있어서 산소와 포도당을 원료로 지속적으로 ATP(아데노신 3인산)의 형태로 에너지를 생산하는데 그 과정에서 필수적으로 만들어지는 것이 슈퍼옥사이드라디칼($^{-}O_2$)이다. 이 슈퍼옥사이드 라디컬은 더욱 발전된 활성산소인 과산화수소(H_2O_2)로 발전되고 이러한 과산화수소는 금속이온들과 만나서 더욱 더 독성이 강한 하이드록실 라디컬(OH-)과 일중한 산소($^1O_2$)의 형태로 변화된다.

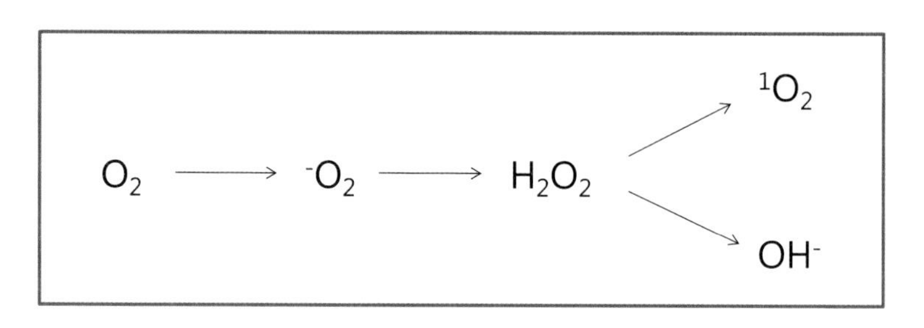

이러한 활성산소는 수명이 매우 짧지만 지질과 만나면 과산화지질 형태로 되어 그 수명이 길어 만성염증을 일으키고 우리 몸의 정상세포를 파괴하여 각종 암이나 난치병의 원인이 된다.

활성산소는 우리가 숨을 쉬고 산소를 소비하는 동안에는 지속적으로 발생되고, 운동이나 등산 등 산소 소모를 많이 하면 할수록 더욱 많이 발생된다. 그리고 과도한 스트레스 상황은 과도한 산소 소모를 유도하고 과도한 산소소모는 활성산소를 대량으로 발생하게 한다.

스트레스는 우리 몸의 비상운영 체제를 말한다

스트레스란 우리의 존재가 상실될 가능성이 있을 때 우리의 뇌가 가동시키는 비상운영 체제이다. 우리의 존재란 2가지로 구분할 수 있는데 하나는 육체이고 하나는 '나'라고 하는 개체적 자아 즉 에고EGO라고 하는 정신의 주체이다.

과거에는 전쟁이나 사냥 등에서 육체적인 공격을 받아 육체가 죽을지도 모른다는 두려움이 생겨나면 뇌가 간과 근육에 저장된 포도당의 저장 형태인 글리코겐을 분해해서 급격히 에너지를 생산시켜 위급 상황을 모면하도록 하였다. 이렇게 저장되어 있던 모든 에너지를 비상체제로 가동시키는 과정에서 혈류는 급한 곳이 아니면 모두 줄이고 필요한 곳으로만 피를 많이 보내게 되는데 예를 들어 당장 필요가 없는 소화기관, 뇌 등에는 혈액을 적게 보내고 팔, 다리 심장 등에는 많은 피를 보내 위급상황을 모면하려 한다.

이때 혈관은 빠르고 높은 압력이 필요하기 때문에 혈관은 축소되고 동공은 확장하여 적의 상황을 잘 인지하려 한다. 그래서 스트레스 상황이 되면 소화가 안 되고 열이 나고 숨이 가빠진다. 스트레스 상황을 지배하는 신경은 교감신경으로 뇌의 시상과 시상하부에서 제일 먼저 위험 상황을 인지하면 교감신경을 통해 부신수질의 호르몬분비를 자극하여 카테콜라민류의 호르몬의 방출을 촉진 시켜 간과 근육의 글리코겐을 급격히 분해하게 된다.

이 과정에서 많은 산소와 효소가 소비되고 정상적인 대사로 돌아왔을 때는 대사에 필요한 효소와 산소가 부족해져서 우리 몸은 젖산이 많은 산성화 상태로 빠지게 된다. 이러한 산성화는 칼슘부족을 야기하여 뼈를 약화시키고 면역력을 떨어트려 암의 발생을 유도하기도 한다.

그런데 육체의 위협을 느끼는 이러한 스트레스 상황은 현대에는 그리 크게 발생되지 않는다. 언제나 칼을 든 강도가 나를 죽이려고 위협하는 그런 우범지대에 살고 있지 않고는 현대인들의 대부분의 스트레스는 정신, 즉 자존심의 손상 문제와 욕망에 대한 불만족에서부터 기인한다.

뇌는 육체뿐 만 아니라 자존심에 대한 공격도 존재에 대한 상실의 위협으로 받아들여 육체적인 존재의 위험과 같은 상황이 몸에서는 발생하고 그 상황은 육체적인 상황과는 달리 적게는 며칠에서 길게는 수십 년을 지속시킨다. 이렇게 비상상태로 몸이 3개월 이상 지속되면 우리 몸은 대량의 활성산소를 유발하게 하고 영양대사의 이상으로 대사산물이 축적되어 염증을 유발하고 그 염증은 또 활성산소를 유발하여 세포를 파괴하여 질병과 노화를 촉발하게 된다.

2 독소와 염증toxins and inflamation은 세포괴사와 변형의 주범

현대인들의 사망원인 1순위는 암인데 암의 원인은 면연계의 문세이다. 그리고 아토피, 류머티스 관절염과 같은 자가 면역성 질환도 그 수가 매년 증가 추세에 있고 대부분 한번 걸리면 좀처럼 낫지 않는 난치성 질환이다.

필자는 오랜 세월 동안 현대인들의 암과 난치성질환들의 원인에 대하여 연구해왔는데 현재까지 연구한 결과의 가장 큰 원인 중의 하나는 독소와 염증으로 생각되어 진다.

영국의 '메디컬 저널'에서도 암환자의 75%는 환경과 생활습관에 의해서 발생된다고 보고하고 있고 콜롬비아 대학 공중보건 보고에서도 암의 95%는 먹거리와 환경독소에 의해서 발생한다고 보고하고 있다.

●독소毒素란 무엇인가?

독소란 생물체가 내부에서 만들어 내거나 밖으로부터 유입되는 이물질, 즉 면역세포가 적으로 인식하는 항원抗原으로 독성이 강한 물질이다.

독소의 발생원은 크게 3가지로 분류할 수 있다.

첫째 : 외부독소
둘째 : 내부독소
셋째 : 마음의 독소

첫째 외부독소

외부독소는 우리가 매일같이 생활하는 주거환경이나 근무환경 속에서 피부나, 입, 호흡기를 통하여 들어오는 유해물질들이다.

대부분의 사람들은 400~800가지의 화학물질을 신체내의 지방세포에 저장하고 있다. 그것들은 짧거나 혹은 긴 기간에 걸쳐 인체에 장애를 일으킨다. 이러한 유해물질들은 우리의 생활 속에서 편리함을 주기도 하지만 그 편리함 뒤에는 많은 위험요소가 내재되어 있다.

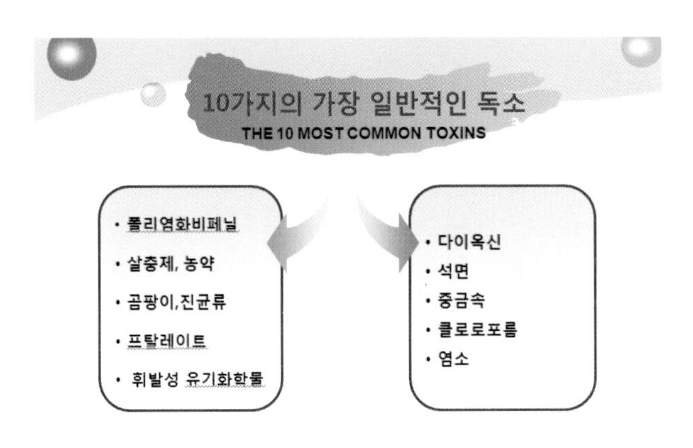

독소로 인하여 발생하는 질병들

- 영양학적 장애
  Neurological disorders (Parkinson's, Alzheimer's, depression, attention deficit disorder, schizophrenia, etc.)
- 암 Cancer
- 영양결핍 Nutritional deficiencies
- 호르몬 언밸런스 Hormonal imbalances
- 효소 기능저하 Enzyme dysfunction
- 대사이상 Altered metabolism
- 재생장애 Reproductive disorders
- 피로 Fatigue
- 두통 Headaches
- 비만 Obesity
- 근육과 시력문제 Muscle and vision problems
- 면역시스템 저하 Immune system depression
- 알러지 천식 Allergies/Asthma
- 내분비 장애 Endocrine disorders
- 만성적인 바이러스 감염 Chronic viral infections
- 스트레스조절 및 내구력저하 Less ability to tolerate/ handle stress

현대인은 사실 오염된 어항에 살고 있는 물고기와도 같다. 오염된 어항에서 살고 있는 물고기는 건강한 놈은 오래 버티지만 약한 놈은 금새 병에 걸려죽게 된다. 또한 건강한 물고기도 며칠 지나면 역시 죽어있는 것을 볼 수 있다.

가끔 매스컴에서 폐 광산에서 흘러나온 중금속으로 인하여 물고기나 농작물이 떼죽음 당하는 것과 어떤 특정지역에 사는 주민들이 모두 암으로 죽어가는 모습을 보도하는 것을 볼 수 있다.

그리고 지금 막 태어난 아이의 모발 중금속 검사에서 납과 수은이 기준치를 훨씬 넘는 수치가 나오는가 하면 폭력성이 심하고 반항이 심한 초등생들의 모발미네랄 검사를 실시해본 결과 납에 크게 오염된 사실도 보고 된바가 있다. 또 인체 내의 높은 납의 레벨은 지적능력IQ에도 영향을 미친다는 보고도 있다.

최근 서울대학에서 연구한 논문에 보면 우리나라 산사에서 템플스테이를 하면서 소변검사를 실시하였는데 별다른 항생제를 섭취하지 않았는데도 수의학용 항생제와 그 대사산물 및 프탈레이트 등 많은 양의 항생제나 프탈레이트 등이 검출되었다고 한다. 최근에는 일본의 쓰나미로 인한 후쿠시마 원전의 방사능 유출이 심각한데 지금도 일본인과 근접국가 사람들을 공포에 떨게 하고 있고 지구촌의 커다란 재앙이 될 것이라는 우려의 목소리가 퍼지고 있다.

이처럼 알게 모르게 들어오는 우리의 먹거리와 환경은 우리 몸속에 독소를 제공하고 있고 그 독소에 장기간 노출된 사람들은 암이나 자가 면역성 질환, 혈관질환 등에 걸려 죽고 만다.

외부독소 중 피부로 들어가는 경피독은 특히 위험하다

몇 년전 일본의 한 방송에서 경피독硬皮毒이라는 말이 소개되고, 그 후 경피독에 대한 많은 책들이 출간되어 베스트셀러가 되었다. 경피독은 바로 피부로 들어가는 독소를 말하는데, 입으로 들어가는 독소는 점막과 간, 림프에서 어느 정도 흡수를 하거나 해독해서 인체의 피해를 막고 있지만 피부로 들어가는 독성물질들은 바로 피부를 통해서 모세혈관으로 침투되어 조직과 세포로 이동하게 된다. 특히 이러한 독성물질들은 지방조직에 많이 축적하게 되는데 10%만 몸 밖으로 빠져나가고 90% 이상은 그대로 저장되어 있다가 만성염증의 원인이 된다.

일본의 한 방송에서는 갑자기 배가 아파서 병원을 찾은 한 여성의 사례가 소개되었는데 그 여성의 병명은 난소종양과 자궁내막증이었다. 그런데 6개월 동안 열심히 병원치료를 받았지만 아무런 효과가 없었다, 그러던 중 어느 지인의 샴푸를 바꾸어보라는 충고를 받고 샴푸를 바꾼 결과 종양의 사이즈가 크게 줄었다는 이야기였다.

어떻게 이런 일이 가능할까? 단순히 샴푸만 바꾸었을 뿐인데 종양이 줄어들 수 있었을까? 우리가 매일같이 사용하는 샴푸와 치약 세제에는 석유화학물질에서부터 유래된 계면활성제가 다량 함유되어있고 그리고 매일 사용하는 여성들의 화장품과 스킨로션 등에도 많은 프로필 알콜과 인공화학 물질들이 들어있다.

이러한 물질들이 피부를 통하여 몸속으로 들어가 수년에서 수십 년 동안 몸 안의 지방세포에 축적되면서 그 양이 늘어나면서 만성적인 염증이 발생되고 만성적인 염증은 세포의 돌연변이와 괴사를 일으켜 많은 질병의 원인이 되어 왔다.

특히 지방이 많은 뇌, 유방, 난소, 전립선 등은 이러한 독소들의 저장장소가 되고 그것으로 인하여 호르몬의 이상과 이름 모를 많은 뇌질환을 일으키기도 한다.

특히 요즘 초등학교 교실에 가면 절반에 가까운 아이들이 아토피나, 알레르기, 비염 등으로 고생하는가 하면 자폐증을 앓고 있는 아이들도 과거에 비해서 발생빈도가 증가 추세에 있다.

그런데 문제는 지금부터 천연샴푸나 화장품으로 바꾼다고 해도 수십 년 동안 몸 안에 누적된 것을 제거하기 위해서는 특별한 방법이 필요하다는 것이다.

일반적인 천연 샴푸나 화장품 등은 주로 수용성 항산화제 물질 등을 많이 사용하고 있어서 피부 속으로 침투하여 이미 침투한 유해화학 물질을 제독하기에는 역부족일 수 있다.

이러한 경피독을 제거하기 위해서는 그 성분이 지용성 성분으로 피부의 각질과 진피층을 뚫고 들어가야 하며, 들어간 물질의 반감기(머무는 시간)가 길어야 한다. 그리고 그 물질이 강력한 항산화작용으로 유해화학 물질에서부터 발생되는 활성산소와 만성염증들을 제거해야한다. 따라서 이러한 성질을 동시에 가지고 있어야 사실 피부로부터 들어온 독성물질을 제독하여 질병으로부터 자유로울 수 있는 것이다.

둘째 내부독소

내부독소는 우리가 매일 먹고 있는 음식이 불완전대사를 하면서 발생되는 자가 발생 독성물질이다. 똑같은 음식을 먹어도 어떤 사람은 그 음식이 독이 되지만 어떤 사람은 그 음식이 보약이 된다.

특히 단백질 식품의 경우 소화액과 효소가 풍부하여 아미노산으로 잘 분해되어 세포의 DNA에서 잘 활용 되어 단백질 합성에 유용하게 사용되면 크게 도움이 되나, 만약 소화액과 효소가 부족하여 먹은 음식의 절반도 소화 흡수를 못시키면 그 음식의 부산물은 대장으로 가서 부패를 하게 되고 유익균과 유해균의 균형(85:15)의 균형을 무너트려 독성이 강한 독성물질을 만들어낸다.

이러한 독성물질들은 담배연기보다도 더 독성이 강한 물질들이 많이 포함되어 있어서 간으로 흡수되어 혈액으로 흘러가고 신장이 독소제거 능력에 한계가 생기면 혈액은 오염되고 세포는 괴사되거나 돌연변이 세포를 만들게 된다.

따라서 자신의 위산(HCL,펩신)과 소화효소가 충분히 만들어지는지를 알아야하며 충분하지 않다는 판단이 서면 가장 먼저 소화장애를 치료해야 한다.

흔히 영양치료에서는 위산이 부족한 분들에게는 베타인 HCL 이나 소화효소제가 처방되기도 한다. 식사 전이나 중간에 식초나 비타민C 등을 섭취해도 도움이 된다. 또 체내에 들어온 영양소도 간에서 해독에 필요한 영양소 특히 비타민 B군, 필수아미노산등이 부족하면 지용성의 독을 수용성 물질로 전환시키는 능력이 저하되어 독성을 제독하지 못한 채로 혈액으로 방류하게 된다.

그리고 세포내 핵의 DNA가 정보를 RNA로 전사시키고 단백질을 합성하는 과정에서도 효소가 부족하면 잘못된 단백질을 만들게 되고 대식세포의 기능이 저하 되어 있으면 몸의 노폐물이 청소가 안되고 세포내에 쌓이게 된다.

셋째 마음의 독소

현대인들의 삶의 현장은 먹고 먹히는 총이 없는 전쟁터와 다름이 없다. 사업하는 사업가나 월급을 받는 직장인이나 적자생존과 경쟁은 피할 수 가 없다. 이러한 사회 매트릭스 속에서 스스로를 지키고 생존해가는 자체가 사람에게는 커다란 마음의 독이 된다.

이러한 가운데 마음속에서 일어나는 타인에 대한 증오심과 그리고 자기의 능력을 넘어서는 과도한 욕심, 무지에 따른 어리석음으로 겪는 괴로움 등은 우리에게 스트레스로 작용한다. 이러한 마음의 독은 화학적인 요소로 바뀌어 독성이 강한 신경전달물질이나 호르몬 등을 분비하게하고 신경과 호르몬의 불균형을 유도하여 질병으로 연계된다.

● 염증inflamation이란 무엇인가?

요즘 의학계의 최대의 화두는 염증炎症, Inflammation 즉 만성염증이다.

염증炎症, Inflammation이란 말의 어원은 한자와 영어에서 모두 '불'과 관련되어 있다.

한자어 '염炎'은 불꽃을 의미하고, 영어 표현인 '인플라메이션 Inflammation'은 '불을 붙인다'라는 의미이다. 염증반응은 면역계를 동원하여 생체를 방어하고 수복하는 작용을 말한다. 즉, 바이러스나 세균, 외부독소나 내부의 독소를 면역세포가 적군으로 인식하여 공격하면서 발생되는 것이 염증이다. 염증은 활성산소를 수반하게 되는데 염증과 활성산소는 세포의 노화와 괴사, 돌연변이를 일으켜 세포, 조직, 장기의 손상을 유발시켜 전체적인 계통에 문제를 유발시킨다.

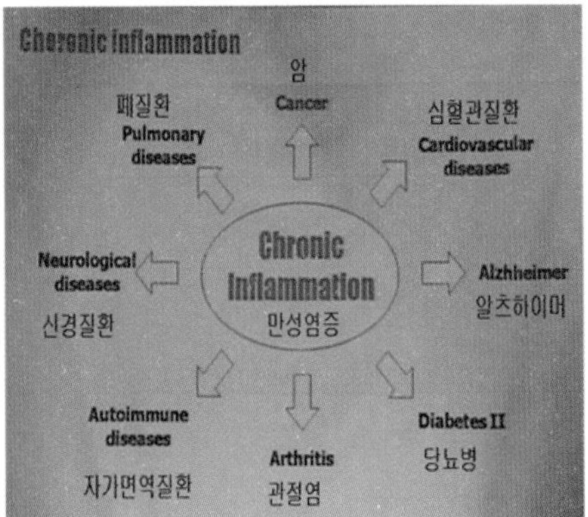

염증이 지나치면 딱딱하게 조직이 굳어가는 섬유화Fibrotic change나 조직과 세포를 괴사시키거나 변형시키는 퇴행성 변화degenarative change를 일으켜 질병을 발생시키기도 한다. 일반적인 염

증의 특징은 붓고, 붉어지고, 열이 나고, 아프다.

일반적으로 염증에 관여하는 세포는 면역세포(백혈구/호중구, 호산구, 호염기구, 림프구, 대식세포), 혈장세포, 비만세포MAST CELL등이 관여하고 있다.

일반적인 염증의 원인은,
- 생물학적 원인: 세균 바이러스 등의 항원
- 물리적 원인: 기계적 자극, 열, 방사선
- 화학적 원인: 화학물질(약), 내부독소, 외부독소
- 면역학적 원인: 과민반응, 자가면역 반응 등으로 알려져 있다.

또 염증은 급성 염증Acute Inflammation과 만성 염증Chronic Inflammation으로 나뉘어지는데 급성염증은 국소반응(발열, 발적, 종창, 동통, 기능상실)과 전신반응(발열, 피로, 식욕감퇴, 쇠약)으로 나뉘어진다. 염증반응은 흔히 혈관확장, 혈관투과성 증가, 백혈구 활성화, 발열, 통증, 조직손상 순으로 나타난다.

만성염증은 급성염증의 후유증이나, 잘못된 생활습관 등에 의해 지속적으로 유입되는 독성요인에 대한 방어 반응으로 유발된다. 만성염증은 위급하지 않은 평상시에도 계속해서 염증 반응이 작동해서 정상적인 세포의 활동이 압박을 받고 자연치유력을 억제시켜 질병으로 발전시키게 된다.

우리들의 신체내부의 면역세포들은 지금 이름 모를 독소들과 끝없는 전쟁 중이다.

수십억 년 전부터 생물학적 진화를 거듭해온 세포는 외부환경에 적응해가면서 진화 발전해 왔다. 수많은 바이러스와 세균에 대하여 우리의 면역세포는 정보를 가지고 있고 그것을 쉽게 제압 할 수 있다. 하지만 근대 석유화학물질을 기반으로 한 여러 가지 산물들은 우리들의 면역세포가 인식하고 대항하는 데에는 정보가 없다. 하지만 그러한 물질들이 음식과 호흡, 피부를 통해서 끊임없이 우리의 몸속으로 들어오고 있다. 이러한 상황이 우리를 만성적인 염증상태로 만들어 세포를 노화시키고 변형시키고 괴사시키고 있다.

그리고 이러한 염증은 늘 통증을 유발하고, 통증은 사람들의 삶의 형태를 불행하게 만든다.

만성염증은 만성통증으로 이어지고 만성통증은 우리들에게 고통을 가져다준다. 이러한 만성염증 때문에 우리는 원인제거 없이 소염진통제를 원인치료제로 착각하고 밥 먹듯이 먹고 있다. 이러한 소염진통제 중 마법과 같이 먹으면 즉시 염증이 가라앉는 스테로이드성 치료제는 그 효과가 너무 뛰어나기 때문에 만성적인 염증을 가지고 사는 분들에게는 늘 상복하게 된다. 그러나 이 스테로이드 계의 약물은 그 부작용이 심각하여 장복시에는 혈당상승, 뼈의 괴사, 녹내장, 쿠싱증후군[01], 고혈압, 자율신경계 불균형, 근육약화 등을 유발한다.

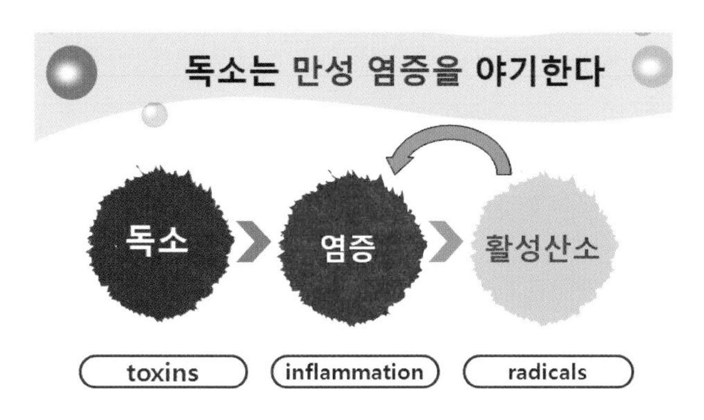

01)쿠싱 증후군(Cushing's syndrome)은 뇌하수체 선종, 부신 과증식, 부신 종양, 이소성 부신피질자극호르몬 분비증 등의 여러 원인에 의해 만성적으로 혈중 코티솔 농도가 과다해지는 내분비 장애이다. 체중 증가, 보름달 모양의 얼굴(moon face), 고혈압, 복부의 붉은색 줄무늬 형성, 다모증, 당내성, 사지의 가늘어짐, 안면 홍조, 골다공증 등의 증상을 특징으로 한다.

3 영양의 불균형과 결핍nutritionally starved은 내부독소의 원인

사람의 몸은 계통(소화기계, 순환기계 등)으로 이루어져 있고 계통은 각 장기(기관)로 이루어져 있으며 기관은 조직으로 조직은 세포로 구성되어 있다. 따라서 사람이 질병에 걸린다는 것은 세포에 이상이 생겨서 조직이 손상되고 손상된 조직은 각 장기가 기능을 못하게 되고 각 장기의 고장은 계통적인 일의 수행에 장애를 일으켜 육체를 유지하지 못하게 하는 것을 말한다.

그래서 우리는 세포를 생물학적인 관점에서 이해하고 그 세포가 어떻게 건강하게 자신의 역할을 다하게 하는가를 연구하는 것이 질병의 예방과 근원적인 치료에 가장 중요한 연구가 된다.

사람의 몸은 약 60조개 이상의 세포로 이루어져 있는 것으로 알려져 있다. 이 세포는 정자와 난자의 결합으로부터 시작되어 성인(약 25세)까지 성장과 분열을 거듭하다가 그 이후에는 세포의 분열과 성장은 멈추고 딸세포를 낳고 모세포는 자살을 하며 세포의 개체수를 유지한다.

이러한 세포의 분열과 성장, 유지, 자살에는 모두 특정한 영양소가 관여한다. 약 수십 종의 영양소중 우리 몸에서 생산되지 못하는 영양소를 영양학에서는 필수 영양소로 분리하고 있다. 따라서 필수 영양소는 반드시 음식이나 기타 보조식품으로 섭취되어야하는 영양소이다.

그러나 우리는 탄수화물과 9종의 아미노산, 2종의 불포화지방산(알파리놀렌산, 리놀레산), 비타민과 수십 종의 미네랄이 쉽게 결핍될 수 있고 그에 따른 불균형은 우리 몸의 에너지와 영양대사에 영향을 미쳐 독성이 강한 대사 산물들을 생산해 낸다.

필자의 경험에 의하면 현대인들에게 있어서 필수아미노산과 오메가-3 지방산, 비타민B군, 비타민C, 비타민D3, 칼슘, 마그네슘, 아연 미네랄 등은 특히 많이 부족한 영양소이다.

이러한 영양소가 성장기에 충분히 섭취되어 공급 된다면 유전적으로 취약하게 태어났다고 해도 성장이 완료가 되는 25세 이후 노년까지 다른 사람들보다 건강한 상태를 유지하면서 살 수 있다.

하지만 성장기의 영양상태가 취약하면 성인이 된 후에 질병에 취약한 몸 상태가 되어 늘 건강에 대한 근심으로 살아가게 된다. 설령 유전적으로 건강한 사람도 후천적으로 영양소의 결핍으로 균형이 깨지면 질병에 걸리게 된다.

4 강력한 해독제가 필요하다

우리가 건강하게 수명대로 잘 살기위해서는 위의 3가지 원인을 피하거나 제거해야한다. 하지만 우리의 먹거리와 경제 환경은 이러한 3가지 요소를 피해가거나 막기에는 현실적으로 불가능하다.

세상에는 안전도나 효능이 입증 안 된 수많은 건강상품들이 범람하고 또 수많은 이론들이 등장하고 있다. 그리고 우리의 먹거리는 대량 생산과 속성재배를 위하여 온갖 화학약품과 유전자의 변형 등이 적용된 식품들이 마트나 장터에 즐비하다.

건강보다는 달콤한 입맛을 유혹하는 음식점들의 수많은 먹거리들은 우리들의 생활에 분리시킬 수가 없다. 아무리 나쁘다는 것을 알아도 실천할 수 없다면 벙어리 냉가슴 앓는 격일 뿐 아무 소용이 없다.

필자도 학교에 가면 많은 학생들이 영양학 수업을 받고 논문도 쓰고 발표도 하는 것을 본다. 그러나 그러한 지식을 강의하는 선생님이나 학생이나 나쁜 것을 알면서도 오염된 음식과 패스트푸드 등을 먹으면서 바쁜 일상을 살아가고 있다.

이제 우리는 우리가 사회에서 실천하기 어려운 이론은 의미가 없다는 것을 인정해야 한다. 그리고 우리는 이제 우리가 처한 사회적 환경을 인정해야 한다. 따라서 건강하고 행복한 삶을 위해서는 현실적인 대안이 필요하다.

즉 우리에게는 우리 생활 속의 독소가 매일 들어오고 발생하더라도 그것을 조기에 해독시켜서 인체의 질병으로 악화시키지 않도록 하는 강력한 천연 해독제가 필요하다.

그럼 어떤 기능과 특성이 있는 해독제가 필요한가?

1. 강력한 활성산소 억제능력을 가져야 한다.
2. 24시간 머물며 독소의 유입에 따른 만성염증을 잡아야한다.
3. 혈관의 탄력성을 증진시키고 모세혈관을 확장시켜 혈액순환을 원활하게 해야 한다.
4. 피부로 흡수되어 경피독을 해독해야 한다.
5. 화학적으로 합성한 물질이 아닌 천연물질이어야 한다.

2장

활성산소를 소거하는 차세대 항산화제

1 항산화제란 무엇인가

항산화제Antioxidant는 전자 공여자Electron Donor다. 즉 항산화제 Antioxdants란, "항anti(대항한다)과 산화물질oxidant"의 합성어로 다른 물질로부터 전자를 가져오는 반응성 물질, 즉 활성산소에 대항하는 물질을 의미한다.

활성산소는 전자의 상태가 극히 불안정한 상태로 안정되기 위해서는 다른 분자나 원자에서 전자를 하나 빼앗아 와야 한다. 그래서 정상적인 건강한 세포가 활성산소를 만나면 정상적인 세포가 손상을 입게 되고 암세포로 되거나 죽게 된다.

항산화제는 이러한 반응성이 높은 산소종ROS, Reactive oxigen species에게 자신의 전자를 하나 내어줌으로써 정상세포의 파괴를 막는 역할을 한다. 따라서 항산화제의 결핍이나 부족은 정상세포의 파괴를 부르게 되기 때문에 노화와 질병의 원인이 된다.

항산화제는 기본적으로 고분자 항산화제와 저분자 항산화제로 구분되는데 고분자 항산화제는 분자량이 3만 이상으로 매우 커서 외부에서 투입해도 흡수가 안되고(장관에서 흡수될 수 있는 물질의 분자량 5000~6000) 내부에서 펩타이드와 비타민, 미네랄에 의해서 합성되는 효소들이다. 대표적인 항산화효소는 SOD, 카탈라아제, 글루타치온 퍼옥시다아제 등이 있다.

SOD는 우리 몸에서 24시간 세포내 에너지 발전소인 미토콘드리아에서 24시간 발생되는 슈퍼옥사이드 라디칼(Superoxide Radical $^{-}O_2$)을 과산화수소(H_2O_2)의 형태로 전환하는 역할을 담당한다.

- Superoxide dismutase

: 수퍼옥사이드를 과산화수소로

$$2O_2^{-} + 2H \text{ ------}\rightarrow O_2 + H_2O_2$$

카탈라아제와 글루타치온 퍼옥시다아제는 과산화수소(Hydrohen Peroxide, H_2O_2)가 금속이온을 만나면 독성이 강한 하이드록실 라디컬(Hydroxyl Radical, OH^{-})이나 일중항산소(Singlet oxygen, $^1O_2$)로 변화되는데 카탈라아제는 과산화수소를 산소와 물로 분해시키는 역할로 반응을 종결시킨다.

- Catalase

: 과산화소체 안에 있는 효소

과산화수소를 산소와 물로 분해

$$2H_2O_2 \text{ ------}\rightarrow O_2 + 2H_2O_2$$

글루타치온 퍼옥시다아제는 하이드록실 라디컬이나 과산화수소가 글루타치온GSH과 만나서 글루타치온의 수소를 떼내어 하이드록실 라디컬이나 과산화수소에게 주어서 글루타치온의 산화된 형태와GSSG물로 전환시켜 활성산소의 반응을 종결시키는 역할을 한다.

그런데 SOD는 40 대 이후에는 활성산소에 대항할 수 있는 힘인 SOD 상승능력이 급격히 줄어든다.

- **glutathione peroxidase**

: 글루타니온 과산화수소
글루타티온에서 수소를 유리시켜
수산기 또는 과산화수소에 전달.. 라디칼을 분해시킴

$2OH^- + 2GSH \dashrightarrow GSSG + 2H_2O$

환원된glutathione 산화된glutathione

$H_2O_2 + 2GSH \dashrightarrow GSSG + 2H_2O$

이것은 평소에는 SOD의 양이 환자나 건강한 사람, 노인이나 젊은 사람들이 모두 같을 수 있으나 상처나 내부에서 급격한 활성산소가 발생되면 활성산소를 급격히 처리할 수 있는 처리능력인 SOD 상승능력이 떨어진 경우 상처의 회복이 느려지고 활성산소의 세포공격을 막을 수가 없게 된다. 이 능력은 건강한 사람과 젊은 사람에 비하여 노인이나 환자의 경우에 크게 저하되어 있다. 이것 때문에 콘페르츠의 사망곡선을 보면 40 대 이후에 인간의 사망률이 지수적으로 상승한다.

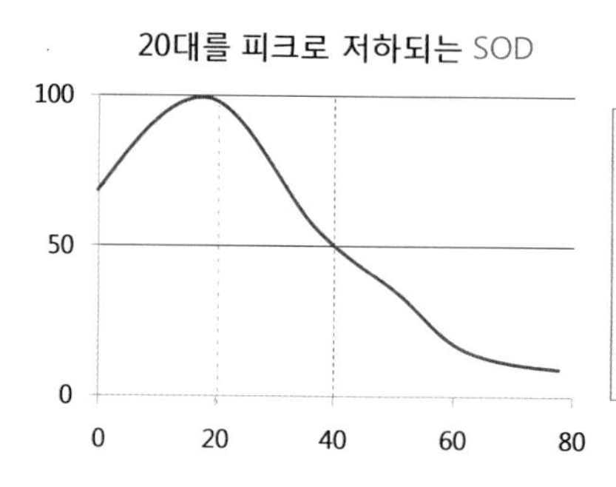

인간은 본래 강력한 항산화제를 생산하여 스스로 산화를 막고 있는데 대표적인 것이 SOD이다.
그러나 20 대를 정점으로 서서히 줄어들어 40대에 이르러서는 그 양이 현격히 줄어든다.

40세 경과시 인간의 사망률
→ 지수적 상승

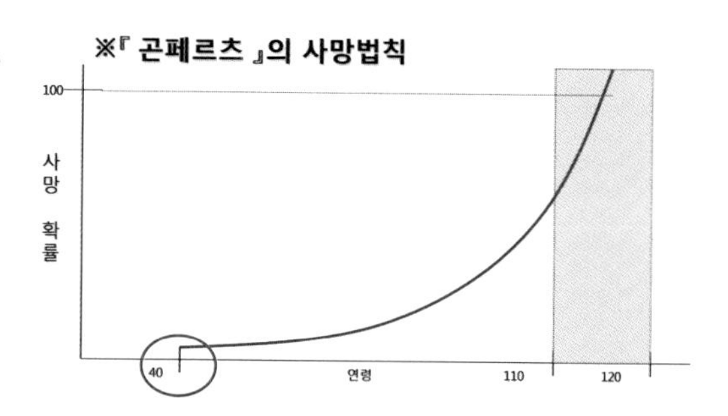

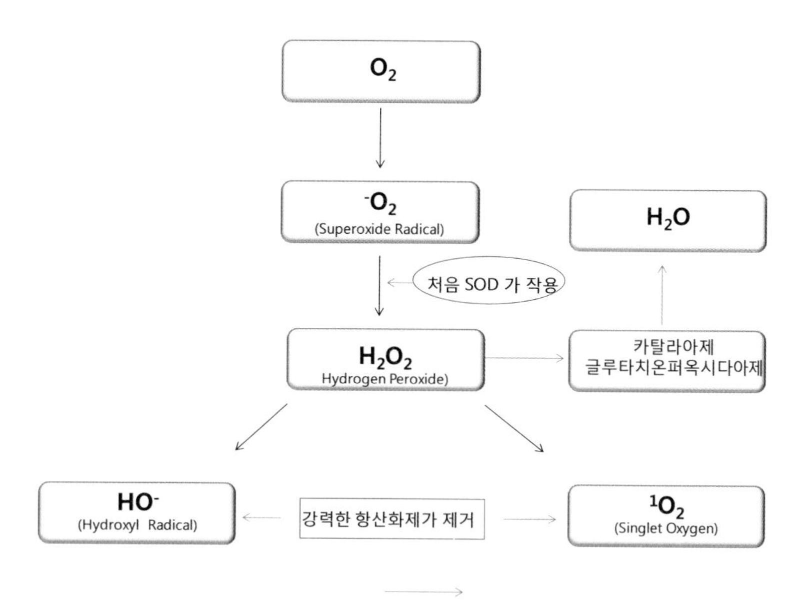

저분자 항산화제는 분자량이 약 200~400정도가 되는 물질로 우리가 음식으로 섭취하여 장관에서 흡수 할 수 있는 물질들이다. 노화가 진행되면서 고분자 항산화효소의 생산능력이 저하되면서 40대 이후에는 저분자 항산화효소의 외부로 부터의 섭취가 매우 중요하게 떠오른다.

항산화제	분자량	작용경로	항산화제
고분자 항산화 효소	3만~	몸(간)에서 주로 합성	- SOD - 카탈라아제 - 글루타치온 퍼옥시다아제
저분자 항산화 효소	200~400	음식으로 섭취	- 비타민 A,C, E - 항산화 효소 지원 미네랄 (셀레늄, 아연, 망간, 구리, 마그네슘) - 화이토 케미컬 (폴리페놀, 카로티노이드, 클로로필)

2 화이토 케미컬Phyto chemicals과 네트워크 항산화제

저분자항산화제는 크게 3가지로 분류된다.

첫째는 비타민 항산화제

둘째는 미네랄 항산화제

셋째는 화이토 케미컬 항산화제이다.

비타민, 미네랄 항산화제

비타민 항산화제의 대표적인 것은 비타민 A, C, E이다. 비타민A, E는 지용성 항산화제로 주로 세포의 막에 작용하여 과산화지질의 생성을 억제한다. 비타민A는 베타카로틴 형태로 주로 많이 섭취하며 베타카로틴은 필요시 비타민A로 전환되어 과잉되는 것을 막을 수 있고 당근, 호박, 고구마와 같은 채소에 풍부하게 들어 있다. 비타민C는 수용성 항산화제로 세포의 내부에 작용하고 비타민E의 재생에 관여하며 항염 작용이 있고 주름 개선에 효과적이다.

수십 종의 미네랄 중에서 아연, 구리, 마그네슘, 셀레늄은 미네랄 항산화제로 중요하게 작용한다. 아연Zn은 피부 치유제, 손톱, 고환에 고농도, 특수 항산화 효소인 SOD의 구성성분이다. 그리고 상처치유 및 피부질환 치료시 유용하다. 구리Cu는 SOD 활성의 필수 미네랄, 피부의 유연성 및 견고성 유지, 결합조직 수복에 관여한다. 마그네슘Mg은 SOD 기능 유지에 필수적이며 결합조직의 수복에 필요하다. 셀레늄Se은 중요한 항산화 효소인 글루타치온 퍼옥시다아제의 구성성분, 홍반 피부 및 염증성 피부에 존재하는 활성산소를 중화 및 제거한다.

이러한 비타민, 미네랄 항산화제는 우리 몸의 활성산소를 소거하는데 중요한 역할을 담당하지만 항노화와 노화의 시계를 되돌리기에는 역부족이다.

화이토케미컬

노화를 억제하고 질병으로부터 건강한 신체를 유지 하기위한 바램은 많은 생화학과 영양학자들로부터 새로운 개념의 차세대 항산화제의 발견을 부추겼다.

그 결과 이제까지 베일에 가려져 있는 식물들의 항산화 기능의 비밀이 세상에 드러나게 되었는데 그것이 식물들이 자체적으로 생산해내는 항산화물질, 즉 화이토케미컬Phyto chemicals이라는 차세대 항산화제의 등장이다.

외부로부터 활성산소가 가장 많이 발생되는 것은 단연 햇빛 속의 자외선이다. 햇빛은 모든 생명체 에게 가장 중요한 생명의 근원이기도 하지만 반대로 그 속에 생명을 단축시키는 강력한 활성산소 작용도 함께 존재한다. 따라서 햇빛을 직접 받으면 우리들의 피부나 눈은 쉽게 손상되고 심하면 피부암에 걸리기도 한다.

그런데 이렇게 산화를 촉진하는 활성산소를 식물들은 어떻게 방어하여 자신들의 과육이나 씨앗 등을 보호하고 있을까? 인간이나 동물들은 햇빛이 강하면 모자를 쓰거나 피하거나 아니면 자외선 차단제를 바르기도 해서 피하지만 식물들은 피할 길이 없다. 하지만 식물들은 인간들보다도 더 건강하게 햇빛을 막아내고 있다. 그것이 학자들의 호기심을 유발시켜 그 비밀이 알려지게 된 것이다.

식물들은 햇빛의 강력한 자외선을 막아내기 위해서 열매의 껍질이나 잎의 표면에 강력한 항산화물질을 생산해서 포장하고 있었다. 그것이 우리가 일반적으로 보기에는 진하고 아름다운 색소들이다. 이러한 색소를 식물들이 만들어내는 식물 화학물질이란 말인 화이토케미컬로 이름을 명명하였는데 그 종류 만해도 수십 종이 넘는다.

그 대표적인 형태는 크게 3가지로 분류할 수 있는데, 첫째는 폴리페놀polyphenol류, 둘째는 카로티노이드Carotenoids류, 셋째는 클로로로필chlorophyl류이다.

폴리페놀은 프라보노이드와 탄닌계로 나누어지며 플라보노이드는 베리류의 안토시아닌, 대두의 이소플라본, 포도의 레스베라트롤, 사과 양파의 퀘르세틴, 녹차의 카데킨, 강황의 커큐민, 커피의 클로로겐산 등이 있으며 탄닌류에 해당하는 많은 폴리페놀이 있다.

카로티노이드는 당근의 베타카로틴, 토마토의 라이코펜, 연어의 아스타크산틴, 시금치의 루테인등이 여기에 속한다.

클로로필은 엽록소라고도하며 우리가 흔히 갈아먹는 녹즙의 녹색의 색소 같은 것으로 녹색 식물의 잎 속에 들어 있는 화합물이다. 광합성을 하는 클로로필(chlorophyll, Mg를 함유하고 있는 포프

피린 화합물)과 단백질의 결합체이고, 엽록소 단백질은 단백질 1분자당 2분자의 색소를 함유한다. 녹색 식물은 그 잎의 세포 속에 다원형의 구소물인 엽록체가 많이 들어 있는 화합물이다. 엽록소는 그 빛깔이 녹색이기 때문에 엽록체가 녹색으로 보이고, 따라서 식물의 잎도 녹색으로 보인다.

이러한 화이토 케미컬 중에서 가장 연구가 많이 되고 있고 그 효능도 다양하게 입증되고 있는 것이 폴리페놀polyphenol류이다. 지구상에는 현재 5,000종이 넘는 폴리페놀이 존재하며 그 효능 또한 다양하다.

대표적인 폴리페놀의 효능은 발암억제, 동맥경화예방, 혈압상승억제, 혈전예방, 항바이러스, 항비만, 항당뇨, 항균, 해독작용, 소염작용, 충치예방 등 수많은 연구논문들이 쏟아지고 있다. 그런데 이러한 수많은 폴리페놀은 어떤 작용에 의해서 항산화작용을 하는 것일까?

폴리페놀은 페놀이란 분자가 2개 이상 화합하고 있는 것을 말하는데 페놀은 6각형의 벤젠고리에 수소H대신 수산기OH가 한 개 치환된 물질이다. 이 페놀은 자체적으로는 독성물질이지만 이 수산기OH가 2개 이상 붙으면 폴리페놀이라고 하는데 이러한 수산기가 활성산소와 결합하여 항산화작용을 한다고 알려져 있다.

영국의 남성 의학교과서Andropathy Medical Textbook 85p에서는 "폴리페놀은 구조식에서 더 많은 링이 있을수록 활성산소 흡수력이 더 강력하다"고 기술하고 있다.

따라서 구조식에서 벤젠고리가 많고 수산기가 더 많이 연결되어 있는 구조식을 가진 폴리페놀이 활성산소 소거력이 강하다는 것으로 식물의 활성산소 소거능력을 평가할 수 있다.

페놀(Phenol)　　　　　　　　**폴리페놀(polyphenol)**

일반적으로 포도의 레스베라트롤은 3개의 링 구조와 3개의 수산기^{OH}를 가지고 있고 사과 양파의 퀘르세틴도 3개의 링구조에 5개의 수산기^{OH}를 가지고 있다. 녹차의 카데킨은 4개의 링구조를 가지고 8개의 수산기^{OH}를 가지고 있다.

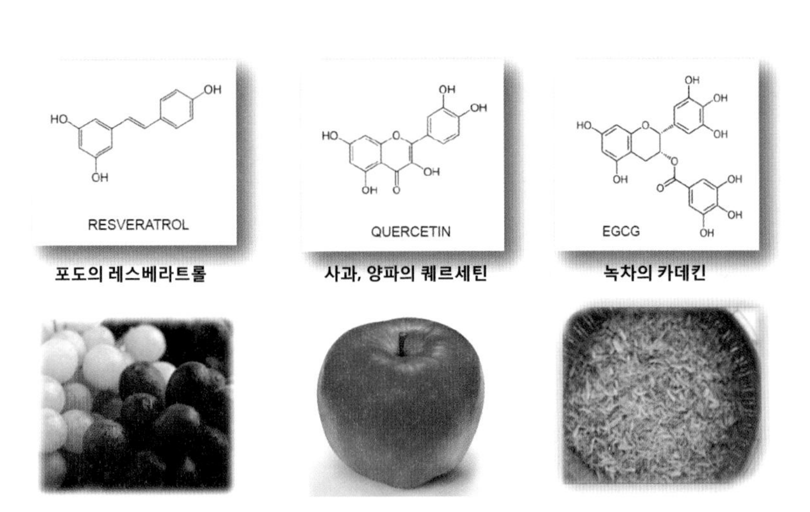

포도의 레스베라트롤　　사과, 양파의 퀘르세틴　　녹차의 카데킨

강황은 2개의 링구조에 2개의 수산기**OH**를 블루베리는 3개의 링구조에 4개의 수산기**OH**를 가지고 있다.

1,7-bis-(4-hydroxy-3-methoxyphenyl)-hepta-1,6-diene-3,5-dione

FIG Structure of curcumin.

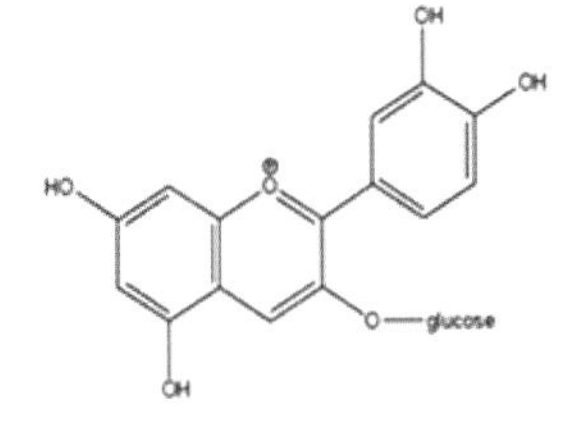

anthocyanin with sugar

네트워크 항산화제Network Antioxidant

네트워크 항산화제란 Vit. E, C, CoQ-10, 글루타치온, 알파 리포산의 5가지 항산화제를 말한다. 각각의 항산화제는 지용성과 수용성물질로 나누어지는데 Vit. E, CoQ-10는 지용성물질이고 Vit. C, 글루타치온은 수용성물질이다.

그런데 알파리포산은 수용성과 지용성의 양성을 모두 가지고 있다. 네트워크 항산화제의 작용은 항산화제가 활성산소를 소거 후에 자신의 전자를 활성산소에게 내어주었기 때문에 자신의 전자하나가 부족해진다. 따라서 자신의 전자를 재생하고 리사이클이 필요한데 Vit.E는 Vit.C 또는 CoQ-10에 의거 리싸이클되고 글루타치온은 알파 리포산에 의거 리싸이클 되고 Vit.C는 글루타치온에 의거 리싸이클된다. 그런데 알파리포산은 수용성(Vit.C 및 글루타치온) 및 지용Vit.E을 동시에 재생하는 물질로 항산화제의 균형을 유지하는데 중요한 항산화제이다.

3장

'씨놀'과 탄생이야기

1 씨놀seanol 이란?

씨놀Seanol이란 해양 폴리페놀Sea-Polyphenol의 줄임말로 한국의 제주 청정 바다에서 자생하는 갈조류Brown Algae인 감태Eckloniacava에서 추출한 폴리페놀 복합체이다.

씨놀을 추출해 내는 감태는 장수를 상징하는 대표적인 동물인 바다 거북이의 주 먹이이며, 전복을 양식하기 위한 먹이로도 공급이 되고 있다. 또한 바다를 깨끗하게 만들고 사막화를 막는 바다의 청정식물이기도 하다.

감태는 바닷속 30~40 미터에서 서식하며 감태가 무성한 바다에는 물고기와 갑각류를 비롯한 다양한 생물들이 서식하고 있다. 그러나 감태가 없는 지역은 황폐해져 아무것도 살지 못하는 바다의 사막화가 되고 만다.

감태는 햇빛 자외선으로부터 자신의 생명을 지키고, 손상된 세포를 복원하는 지상의 식물들에서는 찾아보기 힘든 강력한 '화이토케미컬'을 생성한다. 또한 감태는 자외선으로부터 자신의 세포 DNA를 안전하게 지켜주고, 세포복원 메카니즘을 활성화시키는 '세포 활성화성분'도 생성해 바다라는 열악한 생존 조건에서 번성하면서 해양생태계를 풍요롭게 해왔다.

감태는 1억 8000만년 동안 진화해온 바다가 탄생시킨 자연의 선물로 바다가 인간에게 주는 고마운 선물이다. 이 감태에서 추출한 폴리페놀 복합체가 바로 '씨놀'이다.

씨놀의 약효를 나타내는 주성분은 엑클로탄닌Ecklotannin이란 물질로 모두 16종류가 분리, 정제됐는데 이 중 14종류가 약용으로 쓰인다. 이 성분은 마디풀과의 여러해살이 풀, 대황大黃에도 많이 들어있으며 대부분이 탄닌계열의 폴리페놀이다.

녹차의 카데킨은 가수분해 형으로 몸속에서 물과 만나면 4개의 링구조가 분해되어 1~2개의 링구조를 가진 형태로 바뀐다. 반면에 탄닌계열의 폴리페놀은 가수분해형이 아니다. 따라서 인체에 자신이 원래 가지고 있던 화학구조 그대로 인체 내에 흡수되어 작용한다.

감태에서 추출된 폴리페놀은 그 링 구조가 4~8개까지 다양한 형태로 추출되었는데 그 하나 하나의 폴리페놀은 수용성[01]과 지용성[02]의 양쪽 특성을 모두 가지고 있다.

01) 수용성은 물에 녹는 성질을 말한다.

02) 지용성은 기름에 녹는 성질을 말하며 지용성의 물질이 뇌에 쉽게 침투할 수 있다.

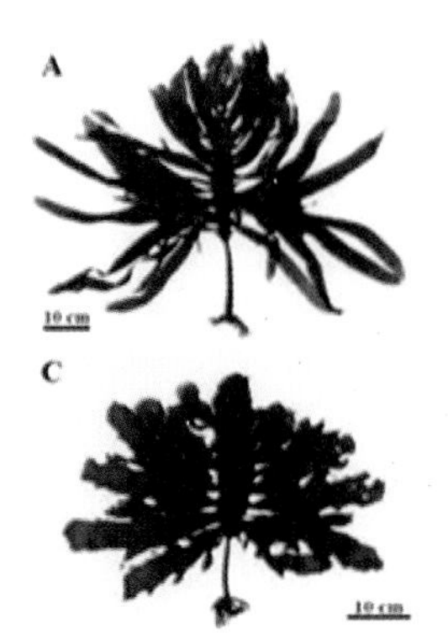

Seanol science center review,2010,1(1)

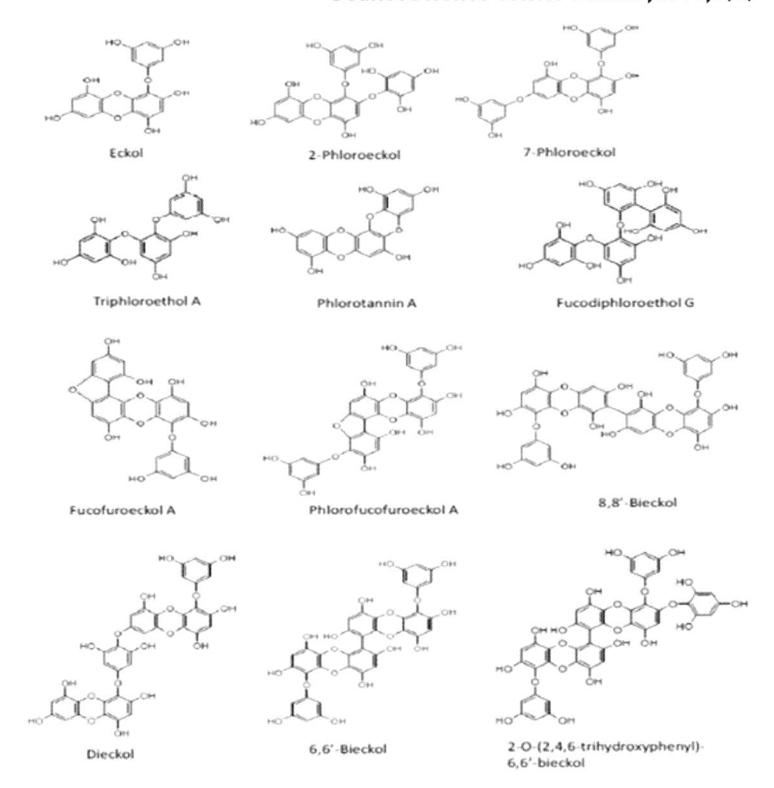

2 씨놀 탄생이야기

씨놀은 국내 연구진들에 의해서 약 15년간의 연구 끝에 세상에 알려지게 되었다.

씨놀 연구진들은 '세계 최고의 신물질 개발 회사'라는 비전 아래 치료 효과는 기존의 약물보다 좋으면서도 독성은 사과보다 적은 신물질을 찾다가 러시아의 체르노빌 방사능 유출사건 이후 러시아와 일본의 과학자들이 해조류의 연구를 통하여 방사능 물질을 해독하려고 시도하다 중단된 연구와, 미국의 여성들은 아이를 낳고도 미역국을 먹지 않지만 우리나라 여성들은 아이를 낳고 미역국을 먹으면 몸이 좋아진다는 것에서 착안해 해조류에 관심을 갖게 되었다고 한다.

그렇게 연구를 진행하던 연구진들은 국내의 모든 해양식물들을 연구하면서 '감태'라는 해조류에서 그들이 그렇게 찾던 신 물질을 발견해냈고 이 물질에 '바다의 폴리페놀'이라는 뜻으로 바다Sea와 폴리페놀polyphenol의 앞 뒤 글자를 따서 '씨놀Seanol'이라는 이름을 붙였다.

한때는 제주도 앞바다의 감태가 사라지는 자연재해를 만나면서 양식개발에 착수하였고 지금은 감태양식 개발이 성공하여 원료공급의 문제를 원천적으로 해결하였다. 향후에는 감태의 DNA를 배양하여 실내에서도 감태를 생산할 수도 있다고 말한다.

그 후 지속적인 임상 실험 결과 씨놀Seanol은 그 동안 현대 의학에서 포기했던 치매, 파킨슨 씨병 등의 치료의 가능성을 높였으며 15년이 넘도록 약 700억 원을 투자해 개발해낸 기술을 바탕으로 연구진들은 향후 상용화될 퇴행성 뇌 치료제에 많은 기대를 걸고 있다.

3 한국 최초 미국 FDA로부터 NDI 획득으로 안전성 인증

NDI 인증이란, 1994년 미국에서 시행된 DSHEA법Dietary Supplement Health and Education Act에 규정된 새로운 기능성 물질NDI: new dietary ingredient의 인증을 말한다. 1994년 이후 개발된 새로운 기능성물질에 대해서는 FDA에 등록 신청하여 안전성을 인정받아야만, 미국에서 합법적인 판매를 할 수 있도록 제정된 법이다.

Seanol®이 한국 최초로 FDA의 NDI 인증2010. FDA-1995-S-0039-0176을 받았으며, 기타 아시아에서 일본의 아지노모토, FUJI 화학, 아미노업 화학 등 현재 6개 업체만이 승인을 받았다. Seanol의 인증은 아시아에서 세 번째이다.

씨놀의 가장 놀라운 점은 의약적 효과가 뛰어난 반면 부작용이 없다는 것이다.

바닷물을 정화하는 해조류 안에는 많은 중금속류를 비롯하여 다양한 불순물을 함유하고 있다. 이행우 박사와 그 연구진들은 인체에 안전 하도록 "씨놀" 성분만을 뽑아내는 기술을 인정받았고, 이 물질의 안정성과 기능성 유효성을 국제적으로 인정받기 위하여 의약품 분야에서 가장 권위있는 미국 FDA 물질인증 심사를 통과하였다.

이 물질의 효능과 가치는 시간의 흐름수록 그 의학적 용도가 과학적으로 꾸준히 증명이 되고 있다.

1820년대 조팝나무[spirea]과의 식물 버드나무에서 처음으로 살리실산을 얻으면서 아스피린이 탄생되었고, 포도에서 추출하는 레스베라트롤, 생선의 지방 등에서 추출한 오메가-3가 많이 회자되고 있으나, 씨놀은 이 모든 물질들보다 월등하면서도 안전한 물질이라는 것이 미국, 일본, 유럽, 중국 등 세계 각국의 거대 기업들로부터 인정되기 시작하였다

OCT-10-2008 15:27 FDA 301 436 2636 P.02

DEPARTMENT OF HEALTH AND HUMAN SERVICES

Public Health Service

Food and Drug Administration
5100 Paint Branch Parkway
College Park, Maryland 20740

Martin J. Hahn, Esq.
Hogan & Hartson
555 Thirteenth Street, N.W.
Washington, DC 20004

OCT 10 2008

Dear Mr. Hahn:

This is to inform you that the notification that you submitted on behalf of your client, Simply Healthy, LLC., pursuant to 21 U.S.C. 350b(a)(2)(section 413(a)(2) of the Federal Food, Drug, and Cosmetic Act (the Act)) was filed by the Food and Drug Administration (FDA) on July 28, 2008. Your notification concerns "*Ecklonia cava* extract", which you intend to market in a dietary supplement product called "Seanol-F".

· 씨놀Ⓡ에 관련된 논문만 해도 이미 200여 편 돌파

어느 특정한 성분이나 물질에 대해 이렇게도 많은 논문들이 발표되었다면 그만큼 뭔가가 숨겨져 있다는 이야기이다. 씨놀 관련 논문들은 www.seanolscience.org에 많은 논문들이 거의 다 공개되어 있다.

· 국내외 40여건 특허 등록 및 출원

씨놀Ⓡ에 관련된 특허는 심혈관으로부터 시작해서 당뇨, 고혈압, 암, 관절염, 피부, 성기능 등 다양하다. 대표적인 15개 항목에

관한 특허만 봐도 씨놀®이 이렇게도 많은 분야를 정복하고 있는 것에 대하여 놀라지 않을 수 없다.

적용영역/ Application Area	특허번호/ Patents
체중감소(Weight Loss)/ 심혈관(Cardiovascular)	KR 716799, PCT/US 2004/002812
뇌(Brain)	KR 666471, KR 701798, KR 527094, KR 670961
간(Liver)	KR 574097, US 7234931, KR 495825(Medicinal Foods)
당뇨(Diabetes)	KR 988510
고혈압(Hypertension)	KR 594989, KR 683966
암(Cancer)	KR 794610, KR 683967
섬유근육통(Fibromyalgia)	KR 708486
신경통(Neuralgia)	KR 595005
관절염(Arthritis)	KR 2008-53288, PCT/KR2009/002016
피부(Skin)	KR 879558, PCT/KR2008/004450, US 12/670062, JP 2010-519151
구강건강(Oral Health)	KR 2009-56654, PCT/KR2009/005480
모발/두피보호(Scalp/Hair Care)	KR 2010-09811
성기능(Erectile Function)	KR 518179
조혈(Hematopoesis)	Under filing process in Jan/2011(Medicinal Foods)
혈행개선건강기능식품(Functional compositions having the recovery food effect of blood composition and function)	KR 2011-0003566

4장

노화를 되돌리고 질병을 치유하는 씨놀의 7가지 특징

1 씨놀은 초강력 슈퍼 항산화제

씨놀의 가장 강력한 특성은 다기능성 초강력 슈퍼 항산화력에 있다. 일반적으로 항산화력을 평가할 때는 ORAC[Oxygen Radical Absorbance Capacity]라는 값을 사용한다. ORAC는 어떤 물질이 객관적으로 활성산소를 얼마나 소거할 수 있는가를 알 수 있는 객관적인 데이터이다. 따라서 여러 연구기관에서 건강에 좋은 슈퍼푸드를 중심으로 항산화력을 테스트한 데이터 값을 발표한다. 그 중 가장 신뢰할 만한 데이터는 미국 농림부[USDA]에서 평가한 자료라고 할 수 있다.

다음의 도표는 g당 대상 과일이나 채소를 가루로 만들어서 측정한 데이터 값이다.

다음의 데이터에서 우리가 흔히 건강에 좋다고 알려진 당근 50 umolTE/g, 야생 블루베리는 260 umolTE/g, 아사이 베리는 610 umolTE/g의 값을 보이고 있다.

'기억을 되살리는 기적의 14일(개리스몰)'이라는 책에서는 100g 당 ORAC 값을 말린자두 5770 umolTE/100g, 블루베리를 2400 umolTE/100g, 또 쥬스류의 항산력의 테스트에서는 15000~35000 umol TE/L으로 나타나고 있다.

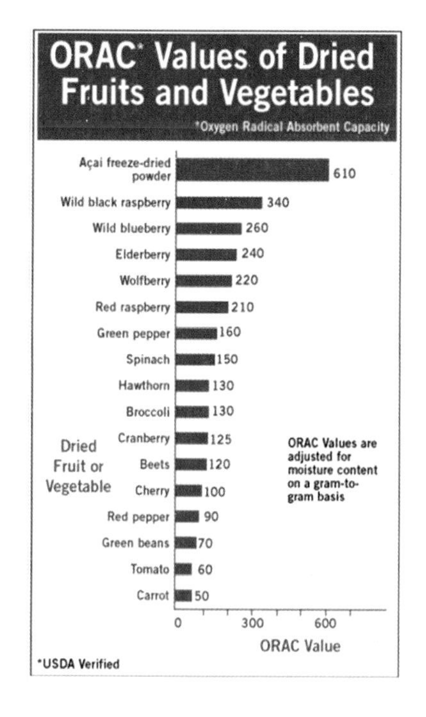

음식	항산화력 (100g당 ORAC 단위)
말린 자두	5,770
건포도	2,830
블루베리	2,400
블랙베리	2,040
크랜베리	1,750
딸기	1,540
시금치	1,260
나무딸기	1,230
싹양배추	980
서양자두	950
브로콜리	890
비트	840
아보카도	780
오렌지	750
적포도	740
홍피망	710
체리	670
키위	600
양파	450
옥수수	400

'기억을 되살리는 기적의 14일(개리스몰)' 발췌

하지만 씨놀은 미국FDA 공식 인정기관인 Brunswick LAB,MA,USA의 공식데이터에서는 8368 umolTE/g을 기록하고 있어 이제까지 나왔던 항산화제중 가장 뛰어난 항산화제로 평가하고 있다.

이러한 씨놀의 높은 항산화력을 미국 의료자유의 아버지라 불리는 Dr. Robert J. Rowen's에 의하면 씨놀은 기존의 폴리페놀보다 10~100배 활성산소 소거능력이 강하다고 그의 인터넷 사이트인 세컨드오피니언SECOND OPINION에서 말하고 있다.

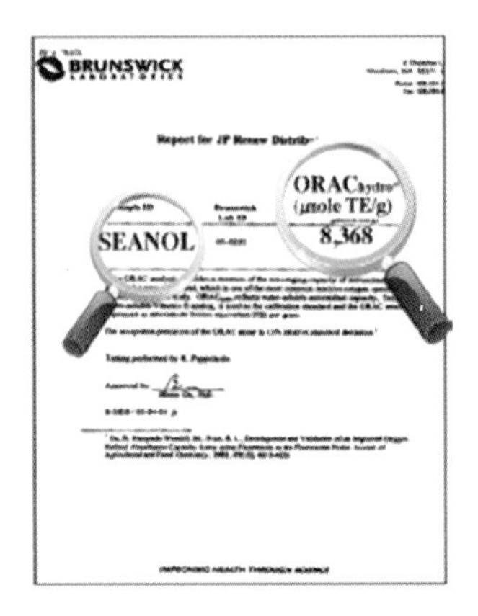

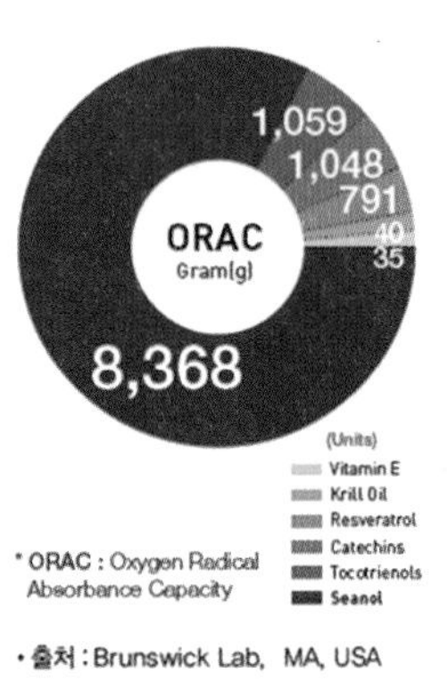

Brunswick LAB,MA,USA 공식 평가자료

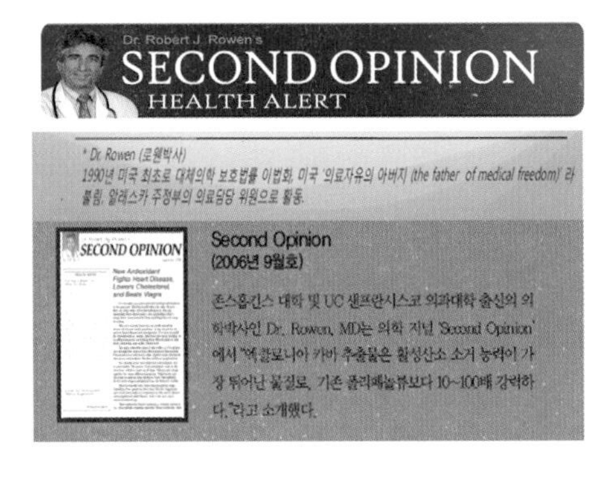

영국 의학전문서적 'Andropathy 메디컬 텍스트북' 에 소개된 씨놀의 효과

감태(Ecklonia cava)는 특정 지역의 바다에서 성장하는 갈색 해조류이며, 항산화 효과, 항응고 효과, 항바이러스 효과, 그리고 항 고혈압 효과를 가지고 있다. 씨놀은 감태라는 이렇게 특별한 갈색 해조류에서 나온 이차 대사산물에 기원을 둔 독특한 해양 천연 분자복합체를 말한다. 디벤조-p-디옥신의 화학구조를 지닌 SEANOL 분자들은 흔히 phlorotannins라고 불리는 독특한 폴리페놀의 범주를 나타낸다. SEANOL은 내장 지방을 15% 감소시키며 당뇨를 가진 사람의 혈당을 80% 미만으로 정상화시킨다. SEANOL은 동일한 양의 땅에서 추출한 폴리페놀보다 10X~100X 더 강력한 것으로 믿어지고 있다.

윗장에서 설명드렸다시피 폴리페놀계의 항산화제는 벤젠고리에 수산기가 많이 붙어 있어서 수산기가 프리라디컬의 전자와 반응하면서 프리라디컬을 화학적으로 중화하여 최종적으로 물로 처리하기 때문에 수산기OH가 많이 붙어 있는 구조는 적게 붙어 있는 구조보다 강력한 항산화력을 갖게 된다. 특히 14가지의 폴리페놀 중 아래의 2가지가 매우 주요하다. 이것은 모두 에콜게eckol의 화합물로 에콜을 기본골격으로 2개dieckol 혹은 기본 에콜의 구조에 다른 폴리페놀이 붙어서PFF 여러 가지 우수한 성질을 일으킨다.

이러한 길고 복잡한 화학구조는 육상의 여러 식물들에게서 발견되는 그 어떤 폴리페놀보다도 강력한 항산화력을 갖게 한다. 그리고 씨놀의 항산화력을 연구한 여러 연구논문들에서는 ROS[01], DPPH[02], 산화철[03] 감소, 과산화지질 소거, LDL 산화 방지, UVB로 유도된 산화적 스트레스를 감소한다는 유의적인 결과를 나타냈다.

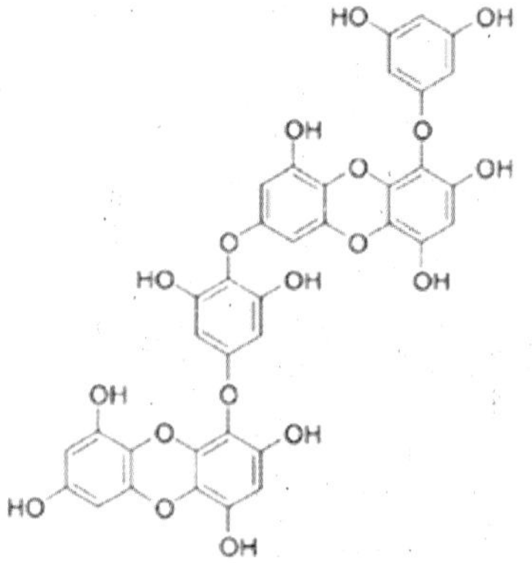

Dieckol(C4)

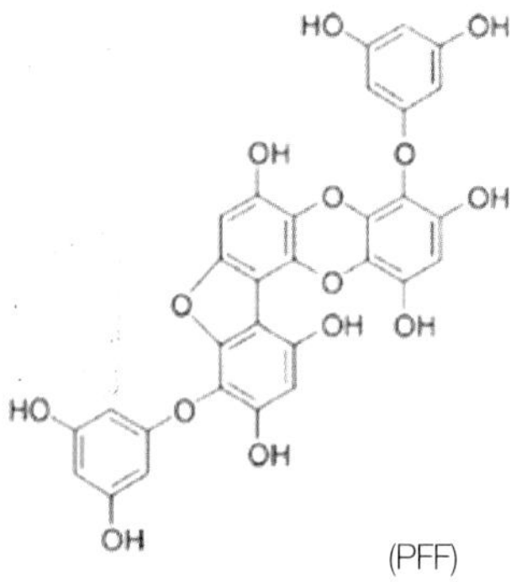

(PFF)

Phlorofurofukoeckol(C5)

다른 연구에서는 활성산소인 과산화수소(H_2O_2)로 DNA손상을 유도하고 씨놀이 용량 비례적으로 DNA 손상을 회복시키는 것에 대한 연구를 시도하였는데 활성산소인 과산화수소만 처리 했을 때 DNA의 손상도를 말하는 DNA이주migration가 매우 길게 보이나 씨놀의 투입 양을 증가시킬 수록 이주 정도가 줄어드는 것을 볼 수 있다. 이것은 씨놀 성분이 과산화수소에 의한 세포 DNA의 손상을 억제시킬 수 있다는 것을 입증하는 연구 결과이다.

01) 반응성 산소종(reactive oxygen species) 즉 활성산소를 말함.

02) 디페닐피크릴히드라질(α, α-diphenyl-β-picrylhydrazyl) 항산화력을 테스트하는 용액.

03) Fe3+의 기호로 표시되는 3가의 철이온. 산화성이 강한 환경에서 철금속 또는 제1 철이온(Fe2+)이 산화된 경우에 생긴다.

Fig. 8 Photomicrographs of DNA damage and migration observed under the three kinds of phlorotannins purified from *E. cava*. **A** Negative control; **B** L5178Y-R cell lines treated with 50 μM H_2O_2; **C** L5178Y-R cell lines treated with 5 μg/mL eckol + 50 μM H_2O_2; **D** L5178Y-R cell lines treated with 10 μg/mL eckol + 50 μM H_2O_2; **E** L5178Y-R cell lines treated with 15 μg/mL eckol + 50 μM H_2O_2; **F** L5178Y-R cell lines treated with 20 μg/mL eckol + 50 μM H_2O_2; **G** L5178Y-R cell lines treated with 25 μg/mL eckol + 50 μM H_2O_2

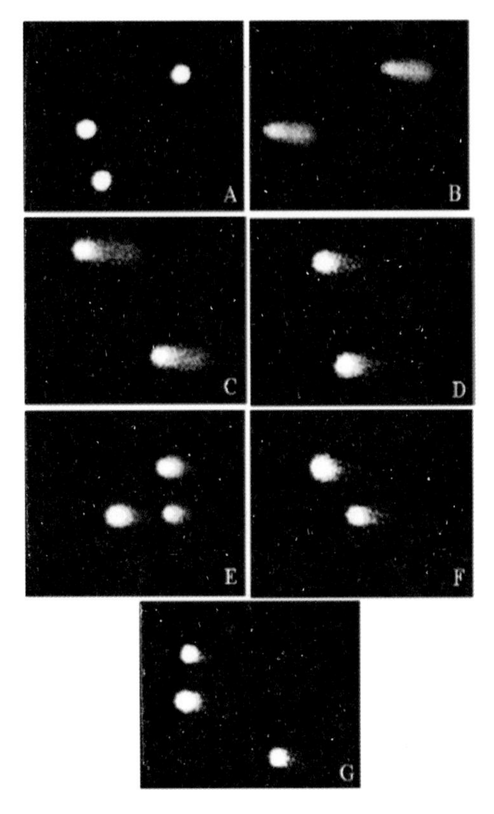

DNA 손상과 이주migration에 관한 포토마이크로그라프 사진

A : 아무 처리도 하지 않은 대조군

B : 50μm H_2O_2

C : 50μm H_2O_2 + 씨놀 5μg/ml

D : 50μm H_2O_2 + 씨놀 10μg/ml

E : 50μm H_2O_2 + 씨놀 15μg/ml

F : 50μm H_2O_2 + 씨놀 20μg/ml

G : 50μm H_2O_2 + 씨놀 25μg/ml

출처 : Antioxidant activities of phlorotannins purified from Ecklonia cava on free radical scavenging using ESR and H_2O_2-mediated DNA damage
Eur Food Res Technol(2007) 226:71-79/ DOI 10.1007/s00217-006-0510-y

씨놀은 모두 슈퍼옥사이드($^{-}O_2$)와 과산화수소(H_2O_2), 하이드록실라디컬(^{-}OH)을 소거하는 강력한 항산화력을 가지고 있다.

씨놀의 종류 중 프로로글루시놀Phloroglucinol과 에콜eckol이 과산화수소와 ROS, 과산화지질 등을 막는데 특히 효과적으로 보고되고 있다. 그리고 이것은 우리 인체 내에서 생성되는 고분자 항산화제인 카탈라아제, 슈퍼옥사이드디스뮤타아제SOD, 글루타치온퍼옥시다아제와 같은 인체내의 항산화효소의 활성도를 증가 높인다. 또한 씨놀은 합성 항산화제인 BHA와 BHT보다 같은 농도에서 보다 강한 항산화력을 보이는 것으로 알려져 있다. 따라서 씨놀은 천연물질 중에서 가장 강력한 항산화력을 가지고 있는 것 중의 하나라고 말 할 수 있다.

동양의학에서 바라보는 따뜻한 항산화제 "씨놀"

현재 씨놀은 유일하게 제주도 남단에서 서식하는 감태종류에서 만이 생산되고 있고, 그 환경은 자외선의 난반사가 어느 곳보다도 심하여 자외선에서 나오는 활성산소를 수천 배 증폭하여 바닷속 30~40미터 속에 있는 감태에게 조사된다. 그리고 심한 조류의 변화가 수시로 일어나고 1년에도 태평양에서부터 건너오는 수차례의 태풍을 견디어야 한다.

이런 열악한 환경을 견디며 감태는 1억 8000만년을 진화해 왔으며 그 생명력이라는 것은 끈질기고 강인하다고 할 수 있다. 그리고 감태가 자라나는 지리 환경은 화산이 폭발하면서 형성한 화산재와 용암으로 이루진 현무암으로 이루어져 있어서 생명에 이로운 무수히 많은 광물질을 함유하고 있다. 실제로 감태가 바닷 속에서 끝없이 춤추듯이 흔들리고 있는 것을 보면 그의 엄청난 힘을 느낄 수 있다.

일반적으로 동양의학에서는 식물이 자라나는 환경을 보고 그 식물의 특성을 평가한다. 즉 자라나는 환경이 뜨거운 환경이면 그 성질은 차다고 할 수 있고 차거운 환경에서 자라는 식물은 상대적으로 뜨거운 성질을 가질 수 있다고 본다.

지상에서 나오는 5,000여 종의 폴리페놀(안토시아닌, 카데킨, 커큐민 등)은 모두 지상에서 뜨거운 햇빛을 받고 자란다. 그렇게 지상의 뜨거운 햇빛 환경에서 자라는 열매나 잎은 대부분 그 성질은 차다고 볼 수 있다.

실제로 미국에서 들어와서 유통되고 있는 대부분의 항산화제들의 원료는 아싸이베리, 블루베리,녹차, 노니쥬스, 망고스틴 등의 열매 과일을 사용한 것이 많다. 그런데 우리나라 사람들의 70~80% 는 대부분이 몸이 차고 또 나이가 들어가면서 대부분의 사람들은 혈액순환이 안 되어 몸이 차거워 진다. 때문에 서양에서 들어온 항산화제는 처음에는 좀 도움을 받을 수 있지만 장복하면 효과를 보지 못하거나 오히려 몸을 냉하게 만드는 경향이 나타나는 것도 항산화제 원료가 가지는 '음적 성질' 때문이라 추정한다.

건강의 가장 핵심은 자기 땅의 음식을 먹는 것이다. 그것이 우주의 원리이고 자연의 이치이다.

감태는 가을에 포자를 하여 겨울에 자라고 봄에 수확한다. 감태가 자라나는 환경을 보면 차거운 물속에서 자라며, 그것도 겨울철에 주로 성장한다. 그리고 감태는 파도에 끝없이 몸을 움직여야하니 한의학적으로 보면 음중양陰中陽의 특성을 갖는 성질이라 할 수 있다.

음중양陰中陽의 특성을 갖는 우리 몸의 대표적인 장기는 콩팥이다. 그러므로 씨놀은 원정元精과 원기元氣의 원천이 될 수 있을 것으로 생각된다. 또한 황금색을 띠는 감태의 색은 동양에서 오행의 기운이 모두 모여 있을 때 나오는 색상으로, 감태는 실로 오행을 모두 갖춘 식물로 평가할 수 있다. 따라서 씨놀은 바다에서 나오는 유일한 따뜻한 항산화제이고 필자가 씨놀을 섭취해 보고 여러 사람들에 적용해본 결과 몸이 따뜻해지고 혈액순환이 잘되는 것을 보면 모세혈관의 확장이 되며 말초까지 혈액을 잘 공급해주는 성질이 있는 것으로 확인되었다.

씨놀은 따뜻하면서도 강한 기를 가지고 있어서 혈관이 좁아져 있거나 막혀서 오는 질병은 그 효과가 크게 나타날 수 있다는 생각이다.

2 부작용 없는 천연 항염증 및 진통작용

씨놀과 관련된 논문들을 읽다보면 항염증에 관련된 내용이 많이 나온다. 위에서도 언급 했다시피 만성염증은 만병의 근원으로 밝혀지고 있다. 그리고 이제까지 이러한 염증치료제는 많은 사람들의 고통을 경감시켰고 생명을 구하였다. 하지만 현재 사용되고 있는 소염진통제는 장복시 부작용도 많이 보고되고 있어서 오남용을 금지하고 있다.

그러나 정작 만성염증의 원인 인자가 해결되지 않은 상태에서는, 부작용이 있다는 것을 알면서도 소염진통제나, 스테로이드 제품을 복용하거나 바르지 않을 수 없다. 따라서 필자가 처음 씨놀이라는 자료를 읽으면서 가장 눈에 들어오는 내용이 '부작용 없는 강한 천연 항염증제'라는 것이었다.

씨놀은 다시 말하지만 강력한 항산화제이다. 외부와 내부에서 발생되는 독소는 염증의 원인이 되고 염증은 활성산소를 일으켜서 세포를 괴사시킨다. 또 반대로 활성산소가 염증을 유발하기도 하여 그 둘의 관계는 끝없이 악순환을 하게 된다. 그러기 때문에 현대인들은 만성염증이 24시간 발생되고 스트레스와 면역기능이 저하되면 그 염증은 확대되어 조직의 손상을 불러온다.

그런데 씨놀의 강력한 항산화력은 활성산소를 억제하고 활성산소가 억세되면 염증이 줄어들고 염증이 줄어들면 조직괴사를 막게 된다.

씨놀은 염증의 마스터 스위치인 NF-kB 제어

염증은 NF-kB라는 전사인자transcription factor가 활성화되어 핵 속 DNA에 결합되게 되면 각종 염증성 유전자들이 모두 활성화된다. 이는 위급 시 사용되는 세포의 방어 기재로서 세포를 주변으로부터 보호하기 위한 장치로 활용된다. 그러나 스트레스가 만성적으로 세포에 작용하게 되면 이 과정이 남용되어 평상시에도 NF-kB의 활성이 비정상적으로 올라가게 되고, 이로 인해 온몸에 각종 염증성 인자들이 전체적으로 활성화 되어 각종 만성질환을 일으키게 되는 원인을 제공한다.

이것은 염증의 마스터스위치 역할을 하는 것으로 염증을 일으키는 중요인자고 종양과 암의 근본적인 원인으로 평가하기도 한다.

Nature

NF-kB가 암의 발생과 진행에 근본적 역할을 한다.

Nuclear factor-κB in cancer development and progression

미국 NBC 방송
(2007년 2월)

씨놀은 이러한 염증의 마스터스위치인 NF-kB를 효과적으로 제어한다는 연구논문이 발표되었다. 미국 워싱턴 주립대 의과대학 병리학과 Dr.Emil Y.Chi 박사는 염증분야 동물조직 분석학의 세계적 권위자이다. Dr.Emil Y.Chi 박사는 홍콩의 명보 및 아주주간 인터뷰(2005년 10월)에서 "천연 갈조류에서 추출된 씨놀이 만성염증의 근원인자인 NF-kB를 효과적으로 제어하여 비만, 당뇨병 및 심장병예방에 있어서 탁월한 효과를 보였다."는 설명으로 씨놀의 효능을 소개했다.

다음의 그림들은 워싱턴 주립대Univ of Washington, Seattle 병리학과에서 실시한 실험 결과로, 만성염증이 유발되는 조건인 2형 당뇨 마우스 모델의 주요 내장 및 혈관에서 NF-kB가 현저하게 감소함을 발견할 수 있다.

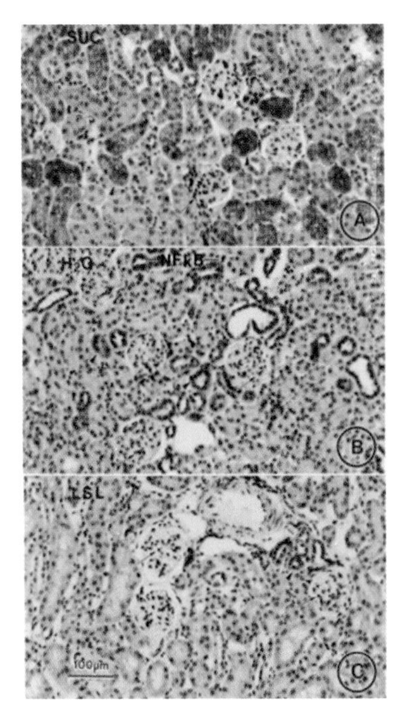

◀ 당뇨병에 걸린 마우스의 신장조직의 염증사진

설탕을 먹인 군

물만 먹인 군

씨놀을 먹인 군

갈색으로 염색된 부분은 염증으로 설탕과 물로 실험한 대조군과 대비해서 씨놀로 처리한 군에서는 눈에 보이게 갈색이 줄어들었다.

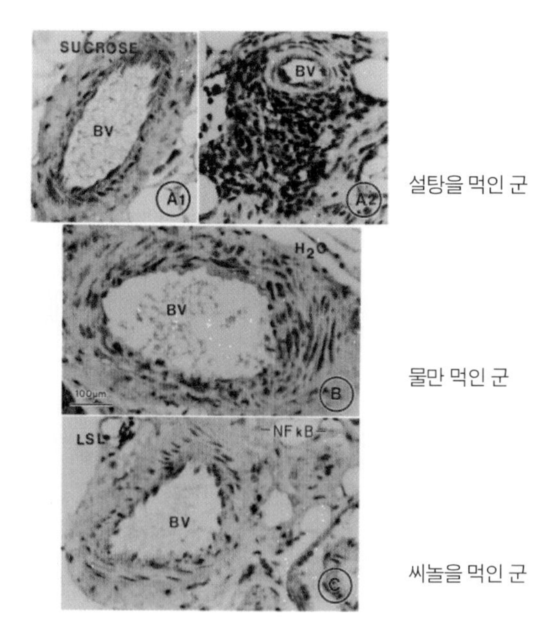

▼ 지방조직속의 대식세포 수와 NF-kB의 비율

Figure 4: Percentage of NF-κB(+) macrophage in fat tissue

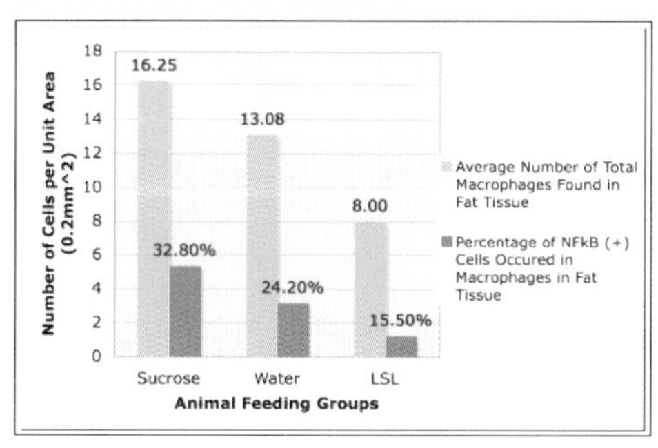

▫ 지방조직속의 전체 대식세포의 평균수

▪ 지방조직속의 대식세포내에서 발생되는 NF-kB의 %

출처 : LSL 4692 Reduces the Activity of Redox-Sensitive Transcriptional Factor Nuclear Factor-kappa B in a Diabetic Mouse Model, Emil Y. Chi, Ying-Tzang Tien, Suping C. Huang

● 염증을 증폭하고 통증을 유발하는 COX-2 효소의 억제

염증과 통증을 일으키는 효소인 사이클로옥시게나제-2[COX-2]가 암과 연관이 있는 DNA 손상을 유발하며 따라서 이 효소를 억제하면 암 발생을 막을 수 있을 것이라는 연구결과가 나왔다.

미국 펜실베이니아 대학 암 약리학연구소의 이언 블레어 박사는 보스턴에서 열리고 있는 미국생화학-분자생물학학회 연례학술회의에서 이 같은 연구보고서를 발표했다고 헬스데이 뉴스 인터넷판이 15일 보도했다.

블레어 박사는 이 새로운 사실은 COX-2 효소를 억제하는 아스피린이 일부 암을 차단하는 메커니즘을 이해하는데 도움이 될 것이라고 말했다.

블레어 박사는 또 관절염 치료에 널리 쓰이고 있는 비옥스와 셀레브렉스 등 COX-2억제제가 이 효소에 의한 DNA 손상을 차단하는데 도움이 될 수 있을 것이라고 밝혔다.

블레어 박사는 COX-2 효소는 지질[脂質] 하이드로퍼록사이드를 생성하고 비타민C는 이를 분해해 게노톡신이라고 불리는 DNA 손상 물질을 형성한다고 말하고 게노톡신은 특정 암의 형성에 관여하는 것으로 알려져 있다고 밝혔다.

블레어 박사는 이 연구결과는 앞서 자신이 발표한 비타민C가 DNA 손상을 악화시킬 수 있다는 연구보고서를 뒷받침하는 것이라고 덧붙였다.

(서울=연합뉴스)

위의 기사 내용과 같이 COX-2 효소는 PGE2(프로스타그란딩 E2 계열)의 생성을 촉진시켜 염증과 통증을 유발하는 물질로 DNA를 손상시켜 암을 유발하기도 한다.

이러한 COX-2 효소는 흔히 아스피린이나 스테로이드, 혹은 관절염 치료제인 바이옥스와 셀레브렉스와 같은 약물로 치료해왔으나 이런 약물은 효과도 빠르지만 빠른 만큼 부작용도 높은 것이 사실이다. 그러나 씨놀은 이런 염증치료제인 약물과 투여량 비례적으로 부작용은 없고 염증억제는 월등히 우세한 결과를 보여 주었다.

바이옥스같은 COX2 인히비터Inhibitor는 장기간 복용시 심장과 순환기계에 심각한 부작용을 가져오는 것으로 알려져 있다.

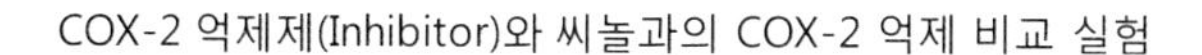

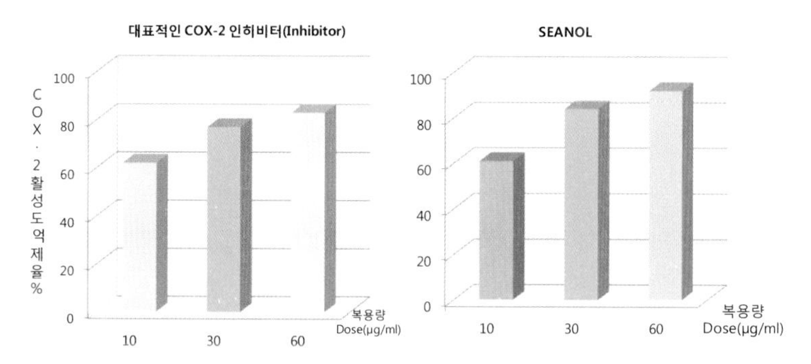

COX-2 효소의 억제는 염증의 증폭과 통증을 막는다

COX-2 는 염증을 촉진시키는 프로스타그란딩이라는 호르몬 유사물질의 생성을 촉진하는 작용을 하는데 COX-2 의 활성도가 커지면 염증반응이 증폭한다. 그러므로 COX-2 억제제는 항염증을 위한 대표적인 약제이다.
이러한 대표적인 COX-2 억제제와 씨놀과의 COX-2 억제 비교 실험에서 씨놀이 용량 의존적으로 대조약물보다 뛰어난 COX-2 억제 효과를 보였다.

• 출처 : Shin HC, Hwang HJ, Kang KJ, Lee BH, An Antioxidative and Antiinflammatory Agent for Potential Treatment of Osteoarthritis from Ecklonia cava, Arch Pharm Res 29:165-171 (2006)

카톨릭대학교 의정부성모병원 심장내과에서 실시한 임상시험결과가 2010년 동맥지질학회에 발표되었는데 12주간 고지혈증 환자를 대상으로 씨놀을 섭취시킨 결과 염증인자인 CRPC-reactive Protein가 염증억제약을 투여하지 않고 단독으로 씨놀만 투여한 상태에서 45%나 감소하였다.

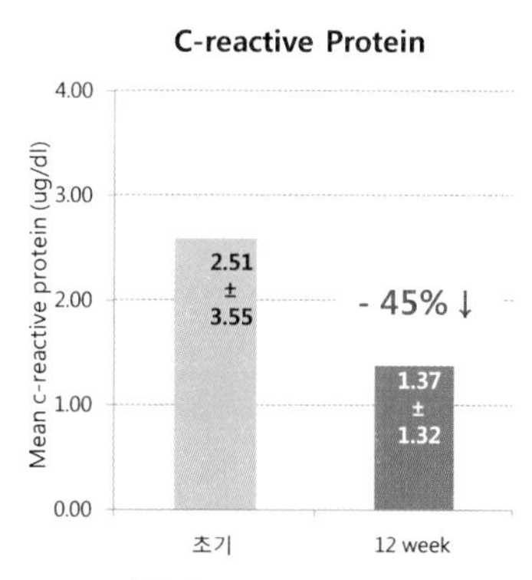

출처: 한국 동맥 지질학회 2010 년 가을

조직 단백질을 분해하는 효소인 MMP-2, MMP-9 효소 억제

암세포와 염증세포에서는 MMP[Proteases of the matrix metalloproteinase]라는 단백질 분해효소가 발생된다. MMP-2와 MMP-9 는 혈관의 기저막을 파괴하고 게다가 세포외 매트릭스(콜라겐섬유)섬유를 용해하여 내피세포가 암세포나 염증세포로 진행되는 것을 돕고 있다.

따라서 MMP-2와 MMP-9을 억제하는 것이 암세포의 침윤을 매개하는 세포외 기질의 파괴를 막기 위해 필수적이라고 할 수 있다. 또한 MMP-2 및 MMP-9는 기저막의 중요한 구성 성분인 젤라틴[gelatin]을 분해하고 신생혈관 형성에도 관여하여 종양의 침윤을 유도하는 것으로 알려져 있다. 아래의 표는 씨놀이 MMP-2와 MMP-9의 활성을 용량 비례적으로 대조군과 비교해서 80% 이상 감소시킨다는 연구결과이다.

조직 분해 효소인 MMP의 억제 분해

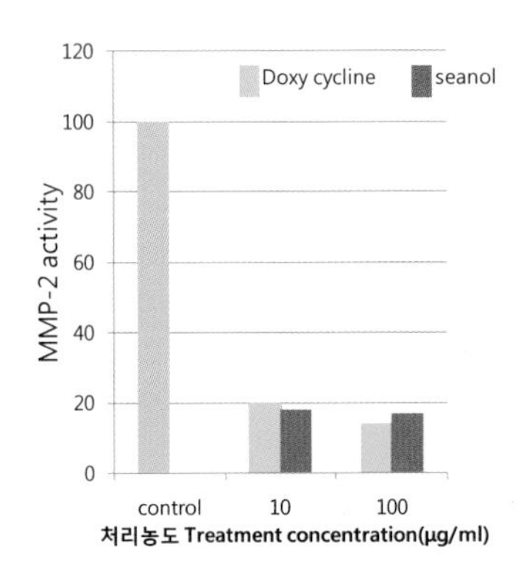

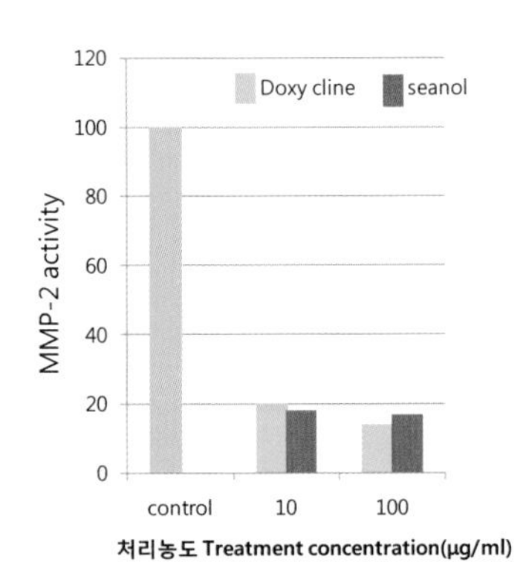

• 출처 : Phlorotannins in Ecklonia cava extract inhibit matrix metalloproteinase activity, Elsevier. Life Sciences 79 (2006) 1436-1443

3 뇌혈류장벽BBB, blood-brain barrier을 빠르게 통과

인체의 세포에 빠르게 흡수되는 씨놀

폴리페놀을 그 물질의 특성에 따라 크게 분류해보면 수용성과 지용성물질로 구분할 수 있다. 즉 물에 잘 용해가 되는 수용성 물질과 기름에 잘 녹은 지용성물질이다.

우리의 세포막은 주로 오메가-6와 오메가-3와 같은 다가 불포화지방산으로 이루어져 있어서 수용성물질보다는 지용성물질이 세포막과 잘 반응한다. 그런데 카테킨과 레스베라트롤, 안토시아닌과 같은 폴리페놀류들은 주로 수용성물질로 섭취했을 때 물 분자와 만나 그 구조가 파괴가 되는 가수분해형이 많고 원하는 세포까지 전달하기가 쉽지 않다. 그러나 씨놀의 특성은 수용성과 지용성 폴리페놀을 모두 가지고 있어서 원하는 세포까지 구조의 파괴 없이 잘 전달 될 수 있다.

이러한 특성은 네트워크 항산화제인 알파리포산의 기능과 유사하며 지용성과 수용성항산화제가 활성산소를 소거하여 자신의 전자를 잃어버려 스스로 활성산소가 될 수 있는 것을 방지하는 리사이클 시스템에서는 매우 중요한 성질이라고 할 수 있다.

특히 뇌의 신경세포는 주로 지방으로 이루어져 있기 때문에 뇌 신경세포와 글리아세포에게 전달되기 위해서는 수용성 물질보다는 지용성물질이 매우 유리하다.

씨놀 SEANOL	녹차(Green tea) 포도씨(Grape seed) 블루베리 추출물(Bluebelly extract)
수용성(water soluble): 6	수용성(water soluble)
지용성(fat soluble): 4	비 지용성(not fat soluble)
인체의 세포에 쉽게 흡수	인체의 세포에 도달하기 전 에 구조가 깨진다.

뇌혈류장벽을 쉽게 통과하는 씨놀

현재 씨놀의 가장 큰 관심사는 치매, 파키슨, 중풍과 같은 중추신경계통CNS의 질병의 근원치료이다. 중추신경계에 작용하는 약물이 효과를 발휘하기 위해서는 일단 뇌혈류장벽을 통과해야 한다.

서울대 의대 핵의학과 이윤상 교수팀의 연구에 따르면 씨놀은 뇌혈류장벽을 쉽게 통과하는 것으로 밝혀졌다. 이 교수팀은 씨놀에 동위원소를 붙여 투약 후 유효성분의 전달경로를 추적관찰 했는데 그 결과 씨놀은 정맥주사 시 1분 30초 만에 뇌에 도달하여 안정적인 상태를 유지하였으며 경구투여 때도 초기부터 뇌 속에 빠르게 전달되어 60분 후에는 뇌 속에 안정적인 수준을 유지하여 100분 이상 뇌 속에 체류하는 것으로 확인됐다고 발표했다.

씨놀의 뇌혈류 장벽(BBB) 통과 및 반감기 실험

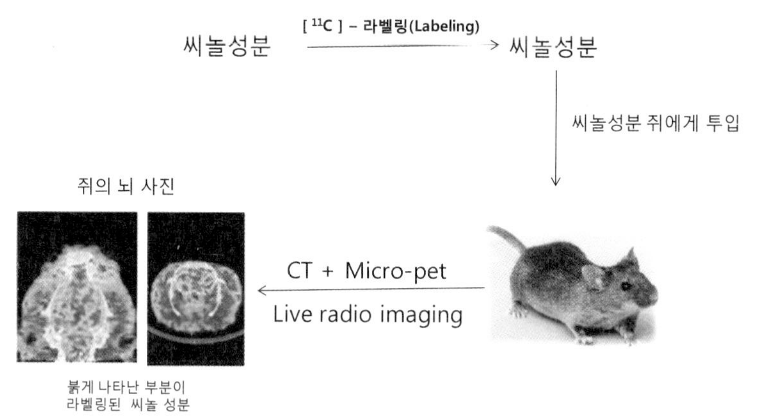

1~2분 안에 뇌에 반응이 나타남

주사제 주입 시 두뇌로의 흡수 시간 경구 투여 시 두뇌로의 흡수 시간

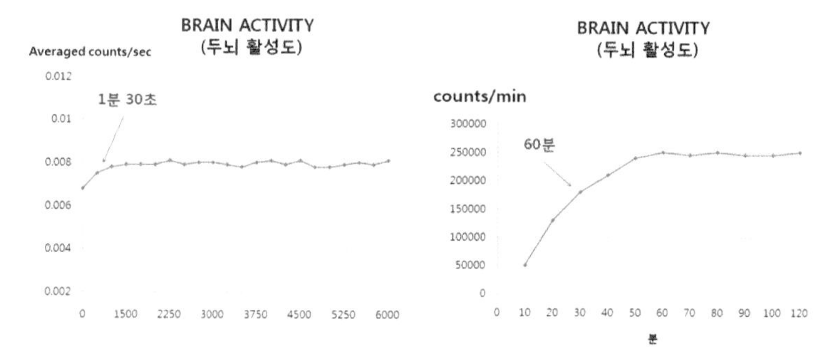

출처 : 서울대학교 핵의학과 이윤상 교수 2012년 6월 29일 인천 송도 발표자료

4 체내에 12시간 머무르며(반감기) 활성산소와 염증을 제거한다

아무리 좋은 항산화력을 가진 물질이라도 우리 몸에서 작용하는 시간이 짧다면 그것은 일시적인 효과만을 야기할 뿐일 것이다.

우리의 몸은 산소를 소비하여 세포내의 미토콘드리아에서 24시간 활성산소가 발생된다. 만약 항산화제가 체내에 머무르는 시간이 30분 정도라면 나머지 시간은 활성산소의 노출에 무방비 상태가 된다.

젊고 건강한 사람들과 같이 체내에서 생산되는 SOD와 같은 고분자 항산화효소가 많이 만들어 지는 경우는 안심이 되지만 만일 몸이 노쇠한 노인이나 중병환자의 경우에는 우리 몸 안에서 만들어지는 고분자 항산화효소의 생산이 급격히 줄어 있기 때문에 24시간 동안 우리 몸의 항산화력이 유지가 되지 않으면 질병의 악화를 막기가 어렵다.

이렇게 어떤 성분을 투입 후 혈액 내의 양이 절반으로 줄어드는 시간을 반감기라고 하는데 일반적으로 수용성 폴리페놀 성분인 포도의 레스베라트롤은 약 14분 정도이고 일반적인 육상에서 자라나는 약용식물 속의 폴리페놀류들은 평균 30분정도를 넘기지 못한다. 하지만 씨놀은 체내의 혈액에 머무는 시간이 12시간 정도로 다른 지상의 항산화력에 비하여 월등히 오래 머무는 능력을 보여준다. 따라서 만성적인 질환자 특히 중추신경계CNS질병을 가지고 계신 환자들에게는 아주 중요한 치료기전의 바탕이 될 수 있다.

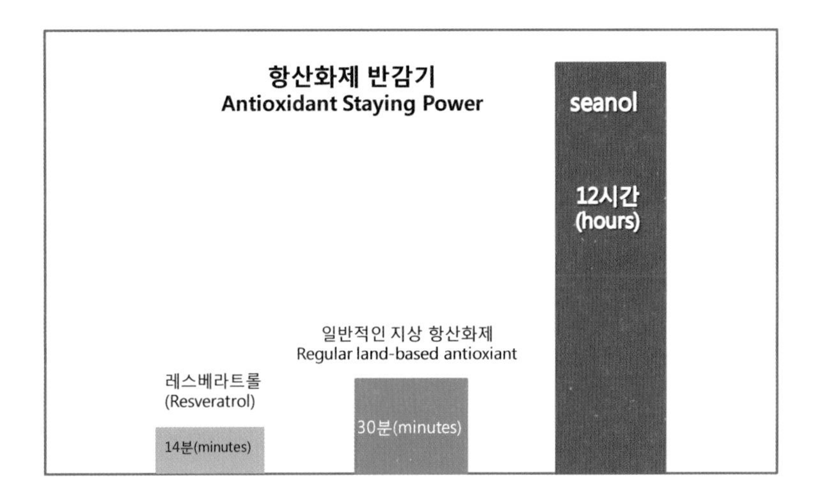

12시간의 반감기는 피부로 흡수된 씨놀이 경피독의 제독을 가능하게 한다.

제 2장에서도 설명하였듯이 피부로 들어가는 독, 즉 경피독硬皮毒은 입으로 섭취하는 것보다 그 독성에 대한 위험은 더욱 크다.

입으로 들어오는 독소는 소화기관의 점막이나 간, 림프시스템에서 독을 어느 정도 제독할 수 있지만 피부로 한번 몸에 침투된 독소들은 주로 지용성 물질로 혈관을 따라 지방이 많이 축적되어 있는 기관과 조직에 축적되어 버리고 몸 밖으로 배출이 잘 되지 않는다.

그 축적된 독소의 양이 늘어나면서 만성적인 염증을 일으키는데 여성은 주로 자궁과, 난소, 유방, 뇌 등에서 남자의 경우는 전립선과 뇌 등에서 많이 발생된다.

이러한 물질을 제독하기 위해서는 독이 들어간 같은 경로로 강력한 항산화력과 항염증 작용이 있는 지용성물질을 투입시켜서 활성산소와 염증을 억제시켜야 한다. 씨놀은 지용성성분으로 활성산소 억제력과 항염증작용이 그 어떤 물질보다도 강한 천연물질이고 특히 12시간동안 머무는 반감기는 씨놀 성분이 피부로 독이 흡수된 경로를 따라 들어가서 독소가 일으키는 화학작용과 염증을 억제하여 경피독에 의한 독소를 제거하여 세포의 돌연변이와 괴사를 막을 수 있음을 미루어 짐작할 수 있다.

이것은 질병의 예방과 치유에 있어서 매우 중요한 내용으로 만성적인 질병에 시달리는 모든 분들은 피부에 바르는 제품 특히 샴푸, 치약, 화장품 류을 신중히 선택해야 하며 씨놀은 수십년 동안 몸 안에 축적되어온 독소를 제독하는데 아주 유용한 수단이 될 수 있다.

5 세균성 박테리아와 바이러스를 제거한다

폴리페놀의 대표적인 성질중의 하나가 항균, 항바이러스의 기능이다. 폴리페놀 성분이 다량 함유되어 있는 지상의 많은 약용식물을 활용한 제품들의 광고 문구를 보면 가장 먼저 등장하는 것이 항균력이다.

한 연구에서는 무좀균 중 가장 많은 비율을 차지하는 백선균 Trichophyton rubrum에 대한 씨놀의 항진균력을 테스트한 결과 씨놀을 투여한 그룹에서는 곰팡이균의 포자의 균사가 잘 생성되지 않는 것으로 실험결과를 발표하였다.

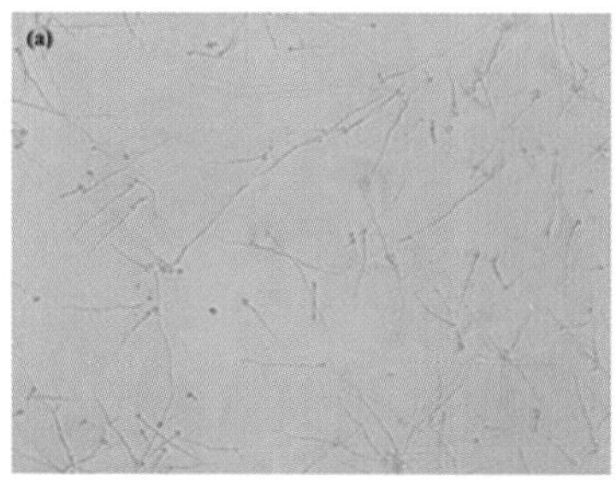

Fig. 2. Antifungal activity of dieckol against *T. rubrum*. (a) Control: spore germinations show hyphae. (b) Dieckol at 200 μM completely inhibits the spore germination.

a) 대조군: 포자가 성장하는 균사가 보인다.
b) 200 μM Dieckol에서 포자의 성장을 완전히 억제했다.

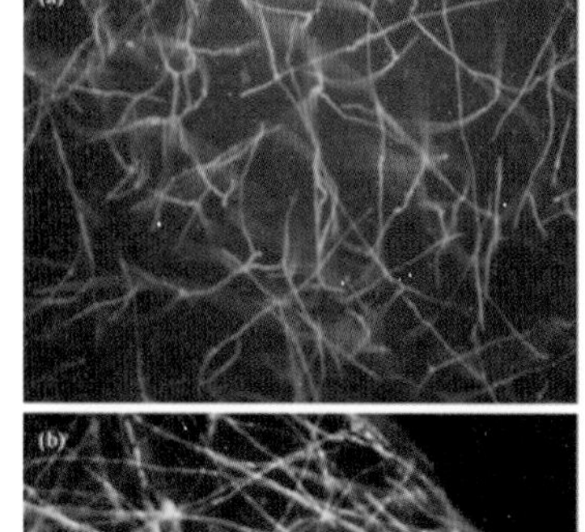

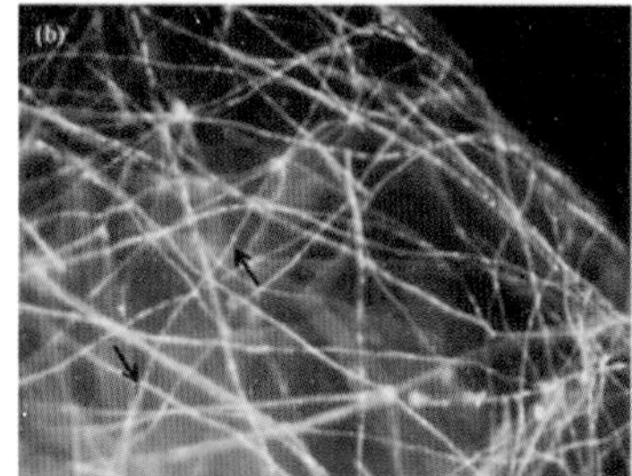

Fig. 4. Fluorescence microscopy of *T. rubrum* hyphae stained with Fun I viability kit. (a) Hyphae treated with dieckol for 48 h at MIC: no orange-red intracellular vacuolar structure. (B) Hyphae in control: orange-red intracellular vacuolar structure (arrow).

a) 48시간동안 Dieckol로 MIC에서 처리한 포자의 사진/포자의 성장(오렌지-레드색)이 없다.
b) 대조군 포자 : 화살표는 오렌지-레드 세포 내부의 세포내의 공포空胞성 구조.

출처 : Antifungal Activities of Dieckol Isolated from the Marine Brown Alga Ecklonia cava against Trichophyton rubrum Min Hee Lee1, Kyung Bok Lee2, Sang Mook Oh2, Bong Ho Lee3, and Hee Youn Chee1 J. Korean Soc. Appl. Biol. Chem. 53(4), 504-507(2010)

또한 연구에서는 씨놀을 통하여 여드름 균인 Propionibacterium acnes이 염증을 일으키는 성질을 억제하고 박테리아를 억제한다는 결과도 보고하였다.

그리고 다른 연구에서는 황색포도상구균Staphylococcus aureus과 살모넬라균Salmonella에 대한 씨놀ECKOL의 항균력 시험에서 대조군에 비하여 농도 비례적으로 황색포상구균을 잘 죽이는 것으로 나타났다.

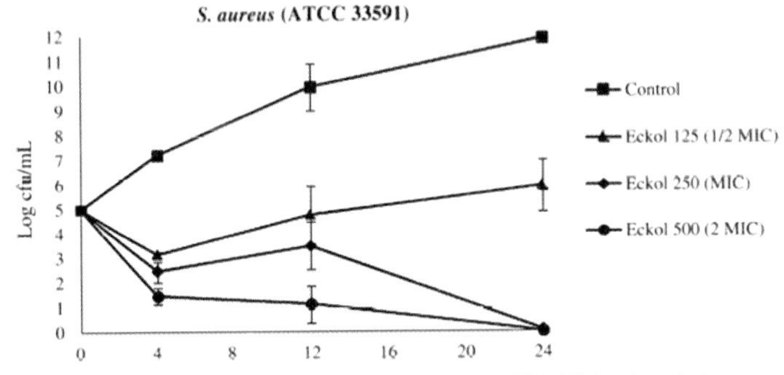

FIG. 2. Time–kill curves of *Staphylococcus aureus* (ATCC 33591) using eckol.

출처 : Antibacterial Activity of Ecklonia cava Against Methicillin-Resistant Staphylococcus aureus and Salmonella spp.
FOODBORNE PATHOGENS AND DISEASE Volume 7, Number 4, 2010
ª Mary Ann Liebert, Inc. DOI: 10.1089=fpd.2009.0434

또 다른 연구에서는 HIV(후천성 면역 결핍증, 에이즈) 바이러스의 세포용균lytic에 대한 방어력 시험에서 씨놀의 농도가 높아질수록 방어효과가 HIV 감염증에 대한 항바이러스제로 사용되는 AZTazidothymidine와 견줄만큼 높아지는 것으로 나타났고 항원에 대한 억제율도 농도가 높아질수록 커지는 것으로 나타났다.

출처 : Anti-HIV-1 activity of phloroglucinol derivative, 6,60-bieckol, from Ecklonia cava, Bioorganic & Medicinal Chemistry 16(2008) 7921-.7926

위와 같은 결과는 씨놀이 다양한 분야에서 강력한 항균력과 항바이러스 기능을 가진다는 것을 알 수 있으며 이러한 결과가 발생되는 메커니즘은 정확히 밝혀진 바는 없으나 많은 수산기OH를 가진 8개의 링 구조가 박테리아나 바이러스의 섬모를 무디게 하여 인체의 세포내에서 기생할 수 없도록 함으로써 몸 밖으로 쉽게 배출 되도록 하는 것으로 추정된다.

6 혈액을 맑게 하고 혈관을 건강하게 한다

연구기관의 발표에 따르면 약 15년간의 동물시험과 세포시험 및 임상연구를 시행하면서 씨놀은 다음과 같은 심혈관 대사에 도움을 준다는 것이 밝혀졌다.

a. 혈액의 상태과 혈액성분을 개선한다.

씨놀은 심혈관 시스템에서부터 오는 프리라디컬 뿐만 아니라 콜레스테롤, 중성지방에 대한 강력한 항산화 작용으로 혈액의 상태를 개선한다. 그러므로 좋은 콜레스테롤HDL레벨을 올려서 심근경색의 위험을 줄인다.

b. 혈액의 점도를 개선한다.

혈전의 생성을 방해하는 플라즈민이라는 단백질의 생성을 억제하는 항플라즈민 요소를(중금속, 유해불질, 농약, 약물 등) 씨놀이 억제하여 결과론적으로는 혈전의 생성을 줄일 수 있다. 그러므로 혈액의 흐름을 원활히 하고 혈압을 낮추고 동맥 내의 혈액의 흐름을 증가시킨다.

c. 혈관의 확장을 돕는다.

과항진된 혈압상승 효소인 ACE[04]를 억제한다. 그러므로 혈관 시스템의 유연성을 증가시키고 혈액의 흐름과 혈압을 정상화하는데 도움을 준다.

d. 혈관염증을 조정하고 개선한다.

Nf-kB 염증경로의 억제로 혈당레벨을 정상화하고 인슐린 민감성을 복원하는데 도움을 준다.

심혈관 시스템은 활성산소, 염증, 혈전, 고혈압등과 같은 여러 가지 복합적인 위험인자에 노출된다. 그러므로 여러 가지의 위험요소를 방어하는 복합적인 능력이 치료의 효율을 크게 증가시키게 된다.

씨놀은 바로 이러한 위험요소들을 복합적으로 방어할 수 있는 특성을 제공하여 혈액과 혈관을 건강하게 할 수 있는 우수한 성분이라 할 수 있다.

---

04) 안지오텐신 전환효소, 레닌rennin의 도움으로 안지오텐신angiotensin을 안지오텐시노겐angiotensinogen으로 전환하는 효소로 혈관을 수축시키고, 혈압을 상승시키는 작용을 한다.

7 씨놀은 인공적인 합성물이 아닌 천연추출물이다

지금도 많은 논란이 있지만 천연물의 화학적 구조와 인공 화학물의 화학적 구조는 같기 때문에 인공적으로 합성하여도 그 기능은 같다고 주장하는 학자들이 많다. 그러나 필자는 모든 물질에는 화학적으로는 동일하다고 해도 그 물질이 가지고 있는 에너지와 파동은 다르다고 생각한다.

모든 물질의 성질을 성분과 화학적으로 설명할 수는 없다. 특히 천연물의 경우는 그 천연물이 자라나는 생태환경의 지배를 많이 받는다. 성분적으로는 동일하다고 해도 그 성분이 가지는 기질氣質은 다를 수 있다. 씨놀의 원료인 감태의 환경은 바다 속이고 주로 추운 겨울에 자란다. 이러한 혹독한 환경에서 자라나는 식물의 특성은 대체적으로 따뜻한 온기를 가지며 그 생명력이 매우 강하여 대체적으로 인체에는 매우 친화적인 경향이 높다.

특히 인공화학 물질은 우리 몸속의 면역세포는 그것이 이물질로 인식하는 경우가 많아 오히려 공격의 대상이 되어 염증과 활성산소를 유발하기도 한다. 그러나 씨놀은 인체친화력이 매우 높아서 뇌혈류장벽을 쉽게 통과하고 체내에 머무는 동안 염증이 줄어들고 세포가 복원되는 기전이 밝혀졌다. 이것은 씨놀이 인체의 면역세포와 매우 친화적이라는 것을 말하며 이는 자연치유의 최대의 핵심이 된다.

이상의 내용을 요약해보면 씨놀은,

- 강력한 슈퍼 항산화제이다.

- 부작용없는 강력한 천연 항염제이다.

- 지용성과 수용성의 양성을 가지고 있어서 세포(뇌)로 빠르게 흡수된다.

- 반감기가 매우 길어(12시간) 염증과 활성산소로부터 인체를 24시간 보호한다.

- 세균성 박테리아와 바이러스를 제거한다.

- 혈액을 맑게 하고 혈관을 긴장하게 한다.

- 인공화학적으로 합성된 물질이 아닌 천연물질이다.

이러한 7가지의 특징은 세포내에 영양소와 산소의 공급능력을 높이고 노폐물을 잘 제거하여 병들고 변형된 세포를 복원할 수 있는 기반이 될 수 있음을 알 수 있다.

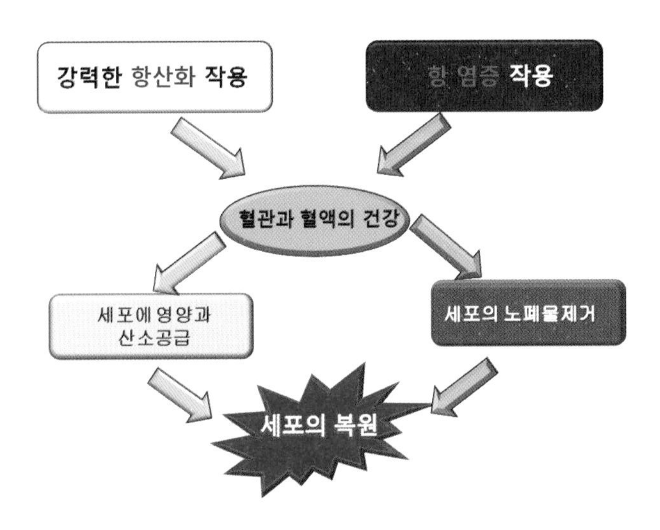

5장

씨놀은 어떻게 만성 퇴행성질환의 치유에 작용하는가?

1 면역 및 염증성 질환과 씨놀

1) 암에 작용하는 씨놀의 원리

현재 한국인들의 사망원인 중 수십년간 부동의 1위를 차지하는 것은 역시 암癌이다.

한자로 해석해보면 입이 3개가 있는 모양으로 바로 우리의 먹거리로 인하여 암이 생긴다는 것을 말하고 있다.

과거 100년 전만해도 인류는 식량문제를 해결하지 못했다. 그러나 산업혁명 이후 대량 생산기술과 농약기술의 발달, 유전자기술의 개발로 인하여 우리의 먹을거리는 풍성해졌고 아직도 많은 나라에서는 굶주려 죽어 가는 사람들도 많이 있지만 과거 100년 전에 비하여 인류의 식량문제는 급격히 개선되었다.

우리나라의 경우를 살펴보면 조선조를 거쳐 일제 치하의 식민지 시절, 1945년 해방이후 6.25전쟁을 겪으며 1970년대까지 배고픔의 시대를 살아야 했다. 80대 초반을 지나며 겨우 먹거리 해결이 된 한국인들은 풍족해진 경제력으로 음식 패턴이 급격하게 서구식으로 변하였고 가공되고 인공적인 석유화학 제품들에 취해버렸다.

이러한 시대적인 변화를 겪으며 질병의 형태도 변화되었는데 80년대 이전의 질병은 전염성 질병, 즉 결핵이나 콜레라, 장티프스, 이질과 같은 세균성 질병에 많이 걸려 사망했다면 80년대 이후에는 암과 심혈관질환 등의 생활습관성 질병이 급격히 늘어나고 있다.

특히 암은 그 발생 수가 매년증가 추세에 있고 앞으로 3명중 1명은 암으로 죽을 것이라는 예측도 나오고 있다. 전 세계적으로 산업화와 문명화된 나라는 모두 그 사망원인 1위는 암이다. 그렇다면 산업화와 문명화는 왜 우리에게 암이란 질병의 발병율을 높이는 것일까?

필자는 그 원인을 윗장에서 설명 드린 3가지의 독 때문에 생긴다고 생각한다.

이러한 독소들은 우리 몸에서 면역세포들과 24시간 끝없는 전쟁을 일으키고 그 과정에서 염증과 활성산소가 지속적으로 발생된다. 염증과 활성산소는 세포에게 3가지의 길을 가게 한다.

그 한가지의 길은 세포의 괴사이다. 괴사는 장기나 피부를 구성하고 있는 세포의 숫자를 적게 만들어 장기의 기능을 저하시키거나 피부에 주름이 생기게 한다. 다른 한 가지는 면역세포가 미쳐서 갑자기 적군인지 아군인지를 구별하지 못하게 되어 류머티스, 아토피, 베첏병, 크론씨병과 같은 현대의학이 난치성질병이라고 부르는 자가면역계 질병을 유발한다. 그리고 마지막에는 세포에게 산소공급능력이 저하되어 산소를 필요로 하는 호기성세포에서 산소가 없이도 살아갈 수 있는 혐기성세포인 암세포가 된다.

사실 암세포는 우리의 몸속에서 하루에도 수천에서 백만개까지 발생되지만 우리의 면역세포의 정상적인 작용이 이를 저지하고 있다. 하지만 위의 3가지 요인이 지속적으로 계속되면 면역기능이 정상적으로 작동하지 못하여 결국은 암세포가 성장하게 되고 어느 정도 성장한 암세포는 급격하게 우리의 몸을 점령해 버린다.

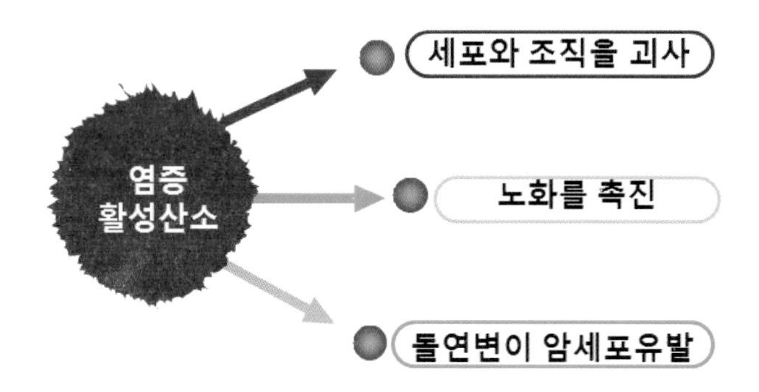

현재, 우리는 일단 암이라고 진단받으면 대부분 현대의학의 3가지 치료법을 받게 된다.

첫째가 항암제Chemo로 치료하는 화학요법

둘째는 방사선Radio 치료법

셋째는 수술요법Surgery이다.

이 3가지 치료는 모두 세포를 죽이는 독성이 매우 강한 치료법으로 그 부작용은 널리 알려져 있다.

암의 치료는 가능한 초기에 발견하여 수술이 가능한 것이라면 수술이나 해독 및 면역증강요법 등으로 치료하는 것이 가장 좋을 것이다. 하지만 수술시기를 놓쳤거나 수술 후에도 혹시나 전신에 남아 있을 암세포의 괴멸을 위하여 사용되는 항암제와 방사선치료는 정상적인 세포의 파괴를 촉진시켜 그 부작용으로 환자의 고통을 가중시킨다.

항암제가 암을 죽이는 도구는 바로 활성산소이다. 즉 강력한 활성산소를 일으켜서 암세포를 괴멸시키는 것이다.

방사선치료도 조사과정에서 나오는 막대한 활성산소가 암세포의 성장을 막는다. 이러한 이유로 인하여 항암 치료 시에는 항산화제의 섭취를 금하고 있다.

세계 최초로 DNA의 이중나선 구조를 밝혀내 노벨의학상을 수상한 제임스 왓슨박사는 항산화제는 오히려 암치료에 방해가 된다고 경고 했는데 그 이유는 말기 암 환자가 항산화 비타민제를 복용함으로써 항암치료와 방사선치료를 오히려 무력화시킬 수 있기 때문이라고 한다.

많은 항암치료가 암세포를 죽이려고 활성산소를 이용하고 있는데 항산화제는 오히려 활성산소를 제거하기 때문에 오히려 항암치료에 방해가 된다는 것이다.

항암제와 방사선조사량이 늘어나면 날수록 정상적인 세포가 파괴되는 속도는 기하급수적으로 가중되고 심지어 죽지 않고 살아남은 세포는 내성이 강해져서 보다 강력한 항암제를 사용하지 않으면 죽지 않는다.

따라서 항암치료시 항암제를 3번 이상 바꾼 환자의 경우는 암세포의 내성이 강해져서 점점 항암치료나 면역증강 치료로도 죽이기가 매우 어렵게 된다.

하지만 현재까지 위의 3가지의 치료법 외에 현대의학은 새로운 대안을 찾고 있지 못하고 있다. 다만 환자들 스스로 민간요법이나 대체의학에 의존해서 생존시간을 연장하거나 기적적으로 완치시키는 경우가 가끔 있을 뿐이다.

암환자는 해마다 증가하고 현재까지 뚜렷한 해결책은 없는 실정이다.

씨놀의 항암 메커니즘

이러한 상황에서 필자는 씨놀의 항암적인 메커니즘을 보면서 항암치료에 새로운 길이 될 수도 있다는 생각이 들었다.

2012년 6.29 한국 뉴욕주립대학교에서 열린 씨놀세미나에서 경희대학교 약학대학의 씨놀 동물실험의 발표내용은 인상적이었다.

그 내용을 요약하면,

시스플라틴Cisplatin이라는 항암제는 독성이 매우 강하다. 만면 항암효과도 강하여 난소암과 같은 암을 치료시에 사용되는 항암제이다. 그러나 독성이 매우 강하여 신장의 정상세포를 파괴하는 부작용이 심하여 많은 양의 항암제의 투여는 조심스럽게 이루어지고 있는 실정이다. 그렇다고 일반 항산화제를 사용하면 항암제가 암을 죽일 때 발생시키는 활성산소의 양을 억제하여 항암효과를 줄이기 때문에 항산화제를 사용할 수도 없다. 그러나 씨놀을 함께 사용하면 암을 죽이는 활성산소는 3배 이상 증가시키고 정상세포를 파괴하는 활성산소는 억제하여 암세포의 소멸능력을 3배까지 증가 시킨다.

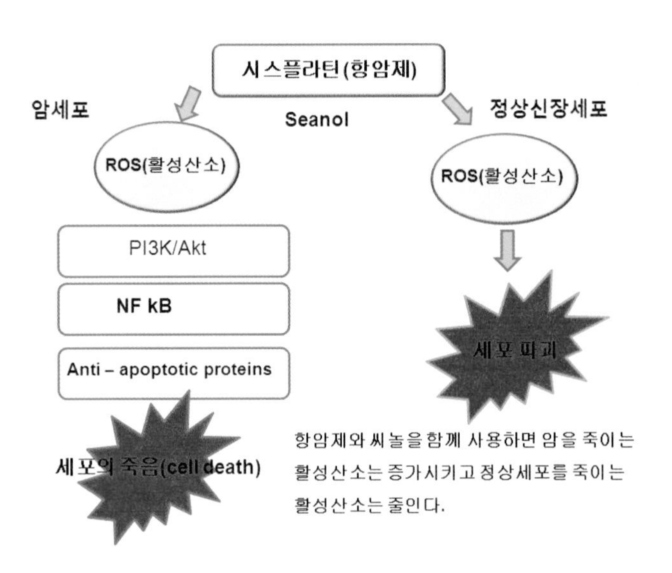

난소암을 유발한 마우스 모델에서 아무 처리하지 않았을 때(대조군)에 비해 시스플라틴만을 처리할 경우, 종양의 무게가 평균 20% 미만으로 줄어드는 데 그쳤으나 씨놀BM-CTA01과 병행처리하였을 경우, 용량 의존적으로 평균 60%%까지 감소함으로써 3배 이상의 효과를 보였다.

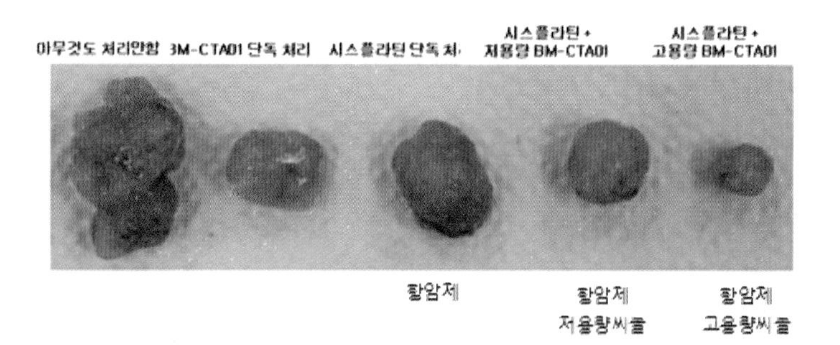

시스플라틴의 부작용으로서 소화기세포의 이상으로 인하여 실험쥐의 사료 섭취량이 현저히 줄어들었다. 씨놀을 병행 투여할 경우, 사료 섭취량이 정상수준으로 회복되는 것을 알 수 있다. 이는 씨놀 성분이 항암제의 부작용인 소화기 세포 파괴현상을 억제하였음을 의미한다.

항암제의 작용원리상 성장속도가 빠른 소화기 계통의 세포들도 무차별로 파괴된다. 이에 따라 항암치료 후 환자의 삶의 질이 크게 저하된다. 씨놀을 병행 투여함에 따라 소화기능의 표시인 식이량이 정상을 유지하였다. 이는 항암치료 환자의 영양상태 및 예후를 크게 개선시켜 거의 정상인에 가까운 삶의 질을 가질 수 있게 해준다는 것을 의미한다.

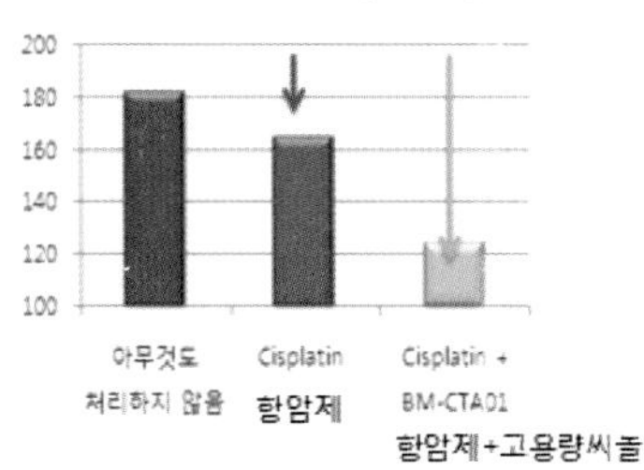

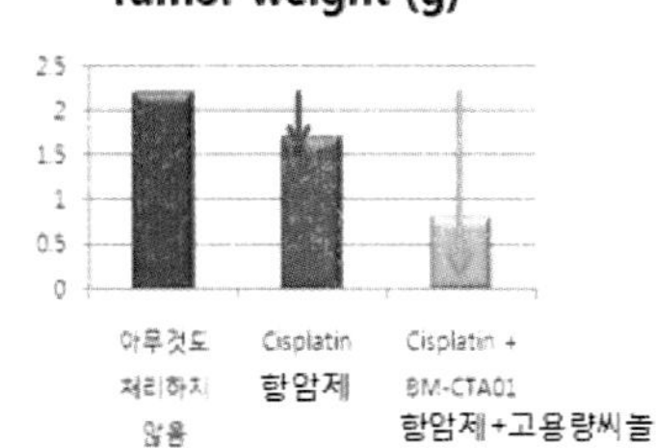

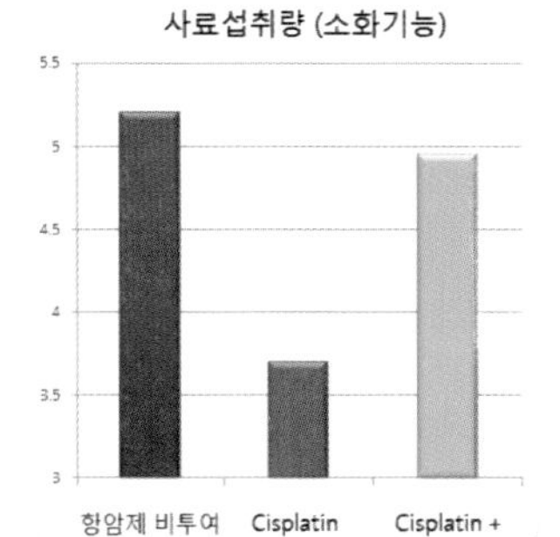

시스플라틴을 포함한 항암제 대부분에서 나타나는 심각한 부작용으로서는 신장조직의 파괴다.

신장조직이 파괴되면 체액의 여과기능에 이상이 발생하여 혈액 내의 크레아티닌Creatinine[01] 과 BUN(혈액 요소질소 blood urea nitrogen) 수치가 상승하게 된다.

이 두 가지 바이오마커가 증가하면 신장기능이 무너졌다는 의미이며 항암치료 후에도 이들을 정상에 가깝게 유지시킨다는 것은 환자의 예후를 획기적으로 개선시킨다는 것을 의미한다.

씨놀을 병행 투여할 경우, 크레아티닌 및 BUN이 정상수준에 가깝게 이동하였다는 것은 항암 치료시에도 씨놀성분이 항암제

01) 혈청 크레아티닌은 주로 근육에서 나오는 물질로 소변을 통해 배출되는 물질이다. 신장기능이 저하가 되면 배출이 잘 안되어져서 혈청내에 크레아티닌 수치가 올라가게 된다. 혈청 크레아티닌은 신장기능을 대표하는 혈액검사이다.

의 부작용인 신장세포 파괴현상을 억제하였음을 의미한다.

항암치료에 의해 파괴되는 신장기능의 정상화

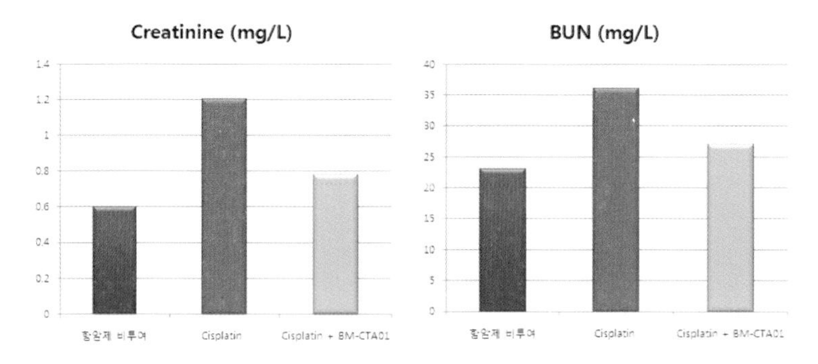

자료출처 : Choi et al, Dec, 2011 Kyunghee Univ. Dpt Pharmacology

최교수님도 이러한 내용을 발표하면서 “기존의 항암제에 이번에 발표된 신물질을 병행했을 경우에 보다 효과적이고 안전한 항암 치료가 가능하다”고 밝혀 관심을 끌었다. 그리고 발표 중에 결과 내용을 발표하면서 놀라운 결과로 믿기 어렵지만 결과는 결과라고 발표하는 내용은 참으로 인상적이었다.

미국 오하이오 주립대 의과대 게리스토너Prof. Gary D. Stoner, Ph.D. 교수는 생쥐hairless mouse의 피부를 26주간 반복적으로 자외선UVB에 노출시키는 실험에서 씨놀을 먹이거나 피부에 발라준 경우, 대조군과 비교하여 만성염증의 발생과 그로 인한 피부암 발생이 획기적으로 줄어들었다고 발표하였다.

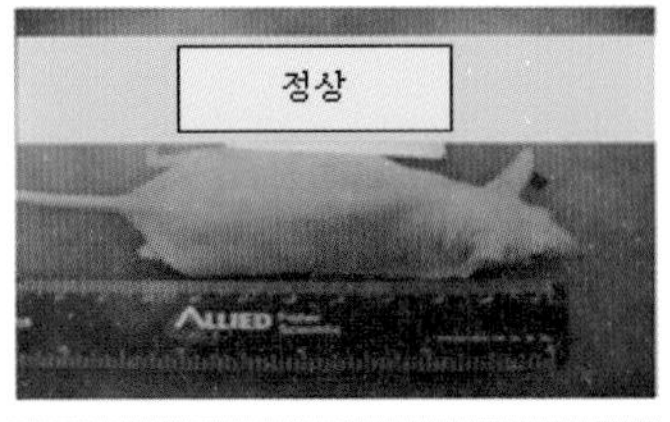

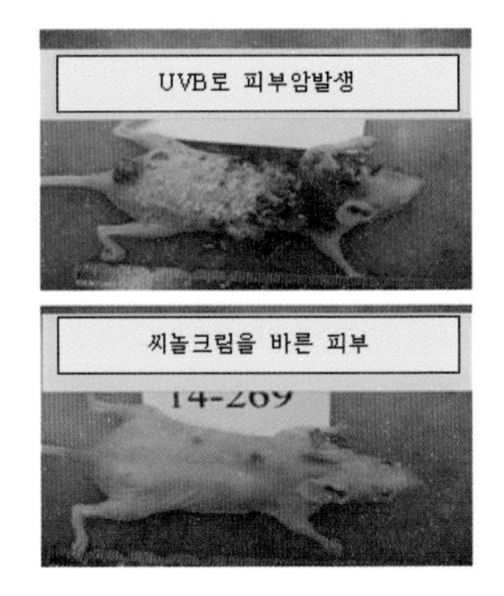

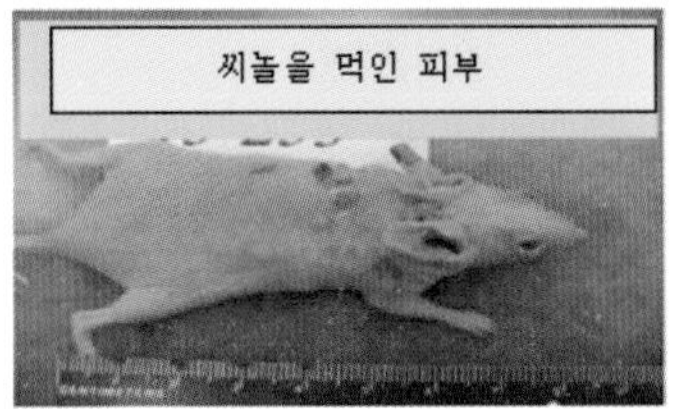

항암제 투여에 의한 심근 비대증 발생 억제 효과에 관한 실험을 전희경 교수(MD, PhD, 심장내과, 카톨릭의대)에 의해서 실시되었는데 전교수는 6주간 실험쥐에 아드리아마이신과 더불어 BM-CTA01을 병행 투여한 결과, 심장의 수축팽창능력이 건강한 쥐의 92% 수준까지 유지되었으며, 심장박출(펌프)능력 또한 89% 수준까지 유지되는 획기적인 결과를 얻었다고 하였다.

그리고 이러한 결과는 항암치료의 고질적인 한계, 즉 충분한 항암효과를 보기위한 용량 사용의 한계를 없앰으로써 항암치료의 효과와 적용 범위를 크게 넓힐 수 있는 길을 열었다는데 커다란 의미가 있다고 하였다.

권위 있는 암 관련 학술지 2006년12월호 '국제암저널International Journal of Cancer'에는 씨놀 성분이 세포의 대사이상을 불러오는 만성 염증 제어 및 암예방에 뛰어난 효과가 있다는 연구가 발표됐고, 부산의 부경대학교 Marine Bioprocess Research Center의 2009년도 연구에서는 에클로니아 카바Ecklonia Cava 즉 씨놀은 인간의 유방암세포의 자살을 유도한다고 밝혔다.

그리고 방사선 조사량이 높아지면 마우스의 생존율이 떨어지나(25%) 씨놀을 투여하면서 방사선을 조사하면 같은 조사량에 비하여 마우스의 생존율이 높아진다(83.3%)는 연구결과도 있다.

이것은 방사선조사에 따른 활성산소를 줄이므로써 세포손상을 억제 시켜서 마우스의 생존율을 높이는 것으로 보인다. 그리고 씨놀을 방사선 조사시 함께 투여하면 방사선에 의해서 파괴된 조혈능력을 향상시키고 손상된 DNA도 복귀하여 정상적인 상태로 쉽게 복원한다는 내용도 보고되었다.

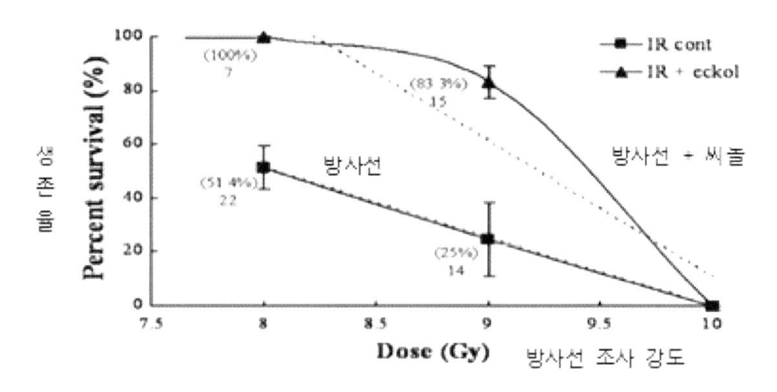

출처 : Radioprotective properties of eckol against ionizing radiation in mice FEBS Letters 582(2008) 925-.930

종합적으로 씨놀의 암치료의 효과를 정리해보면,

- 항암치료 부작용 감소 : 화학적인 항암제나 방사선치료의 부작용을 감소
- 암치료 감작화 효과 : 항암제가 암을 더 잘 죽일 수 있도록 돕는 작용
- 암 줄기세포 억제 : 뇌종양 암 줄기세포의 악성종양 성질 억제
- 암전이 억제Anti-Metastasis : 암세포 침투력/전이 억제
  NF-kB 및 MMP 억제를 통해 암세포의 전이 메커니즘 억제
  인간 간암세포의 MMP 활성 억제를 통한 침투력 억제

- 비독성 항암효과Non-toxic Anti-cancer effect

  유방암 및 전립선암 세포의 증식 억제 효과

- 화학적 암예방Chemoprevention

  피부암 동물실험in vivo model 에서 만성염증의 제어를 통한 암 발생 예방

씨놀의 완전히 새로운 메커니즘Mechanism의 항암치료
- 염증 미세환경을 억제

기존 항암제는 증식속도가 빠른 세포(암세포 및 혈액, 모근, 소화기계, 신장, 간세포)의 DNA 복제를 막아서 작용하므로 암세포 파괴와 동시에 항상 혈액, 모근, 소화기계, 신장, 간 등의 정상세포의 손상을 수반하는 메커니즘으로 작용한다. 종양 미세환경은 만성 염증에 의해 면역작용이 왜곡되어 있어 암세포를 죽여야 하는 면역세포들이 오히려 암세포의 악성화에 동조하는 경향이 있다. 그러나 씨놀은 만성염증의 마스터키인 NF-kB를 억제하고 만성염증을 탁월하게 제거하여 종양미세 환경을 개선하여 암세포의 세포자살을 효과적으로 유도한다.

2) 아토피. 천식, 비염, 알레르기질환

최근 산업의 고도화, 도시화에 의하여 영양상태가 불균형해지고, 알러지 유발물질 증가로 인하여 과도한 면역반응에 의한 천식, 비염, 아토피, 결막염 등의 알레르기성 질환도 지속적으로 증가하고 있으나 예방 효과를 갖거나 부작용 없이 증상을 호전시킬 수 있는 의약품을 찾기는 어렵다.

알레르기는 면역계가 무해한 항원(비자기, 알레르겐[02])에 대해 민감하게 반응하는 신체의 이상반응으로 식품 알레르기는 섭취한 식품이 항원으로 작용하여 일으키는 과민반응이다. 알레르기 질환으로는 아토피 피부염, 알레르기성 비염, 기관지 천식, 알레르기성 결막염 등이 있다.

아토피 피부염은 주로 유아기 혹은 소아기에 시작되는 만성적이고 재발성의 염증성 피부질환으로 소양증(가려움증)과 피부건조증, 특징적인 습진을 동반한다. 유아기에는 얼굴과 팔다리의 펼쳐진 쪽 부분에 습진으로 시작되지만, 성장하면서 특징적으로 팔이 굽혀지는 부분과 무릎 뒤의 굽혀지는 부위에 습진의 형태로 나타나게 되며, 많은 경우에 성장하면서 자연히 호전되는 경향을 보인다. 어른의 경우 접히는 부위 피부가 두꺼워지는 태선화[lichenification]가 나타나고, 유소아기에 비해 얼굴에 습진이 생기는 경우가 많다. 아토피 피부염은 세계적으로 증가하는 추세이며 유병률이 인구의 20%라는 보고도 있다.

알레르기성 비염은 호흡 중에 흡입되는 특정한 이물질(알레르겐)에 대한 콧속의 점막에서 일련의 면역학적인 반응이 일어나 연속적인 재채기, 맑은 콧물, 가려움증을 동반하여 눈과 코를 문지르게 되고, 코막힘 증상이 나타나게 된다. 만성화시에는 코막힘, 비용종, 중이염 등이 발생할 수 있으며 공해, 환경오염으로 인하여 증가추세이다.

전 세계인의 25~30%, 우리나라는 15%가 만성비염을 앓고 있다.

기관지 천식은 간헐적으로 기관지가 좁아짐에 따라서 쌕쌕거리거나 호흡곤란, 기침 등이 일어나는 현상으로 찬공기, 자극적인 냄새, 담배연기, 매연 등의 비 특이적인 자극에 노출시 발병하

02) 알레르겐은 유전적인 경향이 있는 사람에게 IgE 반응을 유발하는 항원을 말한다.

며 40세 이후 전 국민의 약 10%가 천식을 앓고 있다.

알레르기성 결막염은 알레르기 유발 항원이 눈의 결막에 접촉하여 결막에 과민반응을 유발하여 발생하는 결막의 염증이다.

알레르기 발생 메커니즘은 다소 복잡하지만 우리는 여기에서 알레르기를 일으키는 메커니즘에 대하여 알아보도록 하자.

1963년 Gell과 Coombs는 과민반응을 제1형에서 제 4형으로 네 가지로 분류하였다.

제 1형 과민반응type I hypersensitivity은 이미 형성된 항체에 조직세포나 알레르겐(원인항원)간의 반응 5가지 항체 중 IgE급 항체에 의해 유도되는 반응으로 일반적으로 알러지allergy로 알려진 반응이다.

페니실린 쇼크 등 어떤 종류의 알레르기가 있는 사람의 혈액에는 면역 글로불린의 일종인 IgE 항체가 존재한다. 외부로부터 달걀이나 진드기 같은 자극물이 들어오면 알레르기 반응을 일으키는 사람의 체내에도 IgE가 계속해서 만들어진다.

항원, 즉 알레르겐이 피부 점막이나 몸속에 침투하면 우리 몸의 제 1차 면역기관인 수지상세포dendritic cell, DC가 T세포에 대한 항원을 제시하는 세포antigen-presenting cells: APC의 기능을 수행한다. 미접촉 T세포Naive T cell는 분화와 성숙을 거쳤지만 아직 말초에서 항원을 만나지 못한 T세포이다. 이러한 미접촉 T세포가 수지상세포로부터 림프절에서 항원을 제시 받으면 T세포는 활성화되어 조력 T세포Th2가 되고 면역세포간의 신호전달매체인 사이토카인(인터루킨4, IL-4)를 방출시켜 B세포에게 전달하고 B세포는 형질세포를 만들어서 항체IgE를 분비한다. 이러한 항체는 뚱뚱한 비만세포mast cell의 Fc R1 수용체recepter에게 작용하고 동일한 항원에 2번째 노출되면 염증 매개물질인 히스타민을 방출하여 알레르기를 일으킨다.

제 1형 과민반응 (type I hypersensitivity)의 발생기전

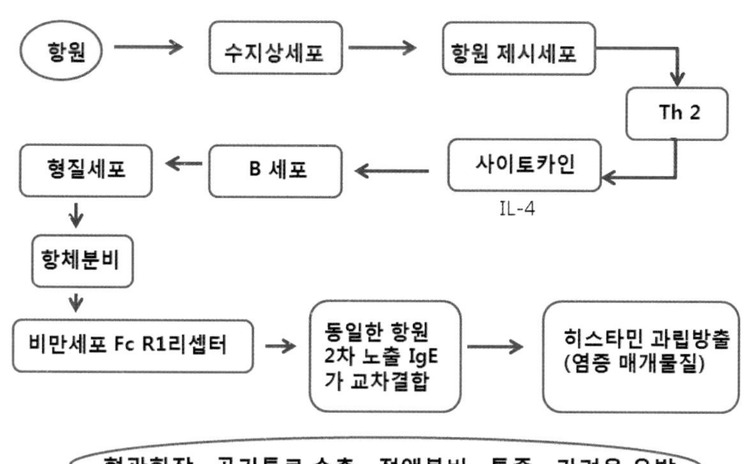

❖ IgE Fc **epsilon RI** : IgE 강한 친화력 receptor

❖ IgE Fc **epsilon RII** : IgE 약한 친화력 receptor

❖ **Fc RI은 비만세포(mast cell) 와 호염기구 (basophil) 세포의 표면에 표현**

❖ **Fc RI는 아나필락시스의 발생에 중요하고 쥐에서 Fc 의 chain 을 파괴하면 아나필락시스의 반응이 일어나지 않는다.**

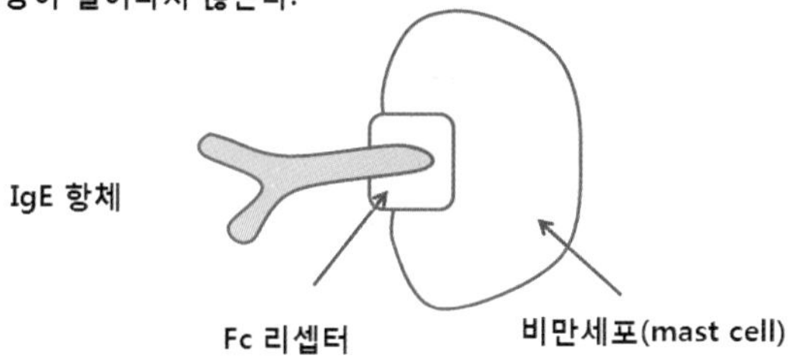

위의 메커니즘으로 본다면 알레르기 반응을 줄이기 위해서는 Th2보다는 Th1이 우세하도록 조절하는 것이 필요하며, 알레르기 특이의 항체인 IgE의 분비를 억제하거나, Fc 수용체를 억제한다면 그것은 염증 매개물질인 히스타민의 억제를 유도할 수 있다.

씨놀의 항알러지 효과

일반적으로 항알러지 효과를 위해 사용되는 항히스타민제의 경우는 졸리움, 건조증, 시야 흐림 등의 부작용 등이 나타나고 있어서 과도한 면역반응을 완화시켜주고, 면역체질을 점진적으로 개선시켜 주는 기능성 식품의 필요성이 대두되고 있다.

씨놀을 통한 여러 논문에서는 오브알부민(ovalbumin, 난단백질의 성분)자극에 의한 천식 마우스 모델을 이용하여 에콜계 화합물이 풍부한 감태 에탄올 추출물로 천식의 전형적인 병리학적 특징인 호산구의 증가, 폐 혈관 및 기도의 염증세포의 증가, 기도협착, 기도의 과민화, 기관지 폐포[bronchoalveolar lavage]세척액에서의 TNF-알파 및 Th2 사이토카인[IL-4 and IL-5], 혈액에서의 IgE를 모두 감소시킴을 보고하였다.

아래의 그림은 마우스를 대상으로 오브알부민을 통하여 특이적 항체[IgE]를 유도한 후 대조군 PBS군과 씨놀의 농도 비례적인 관계를 표현한 그래프이다.

감태 물 추출물의 투여를 통한 오브알브민 - 특이적 항체 변화

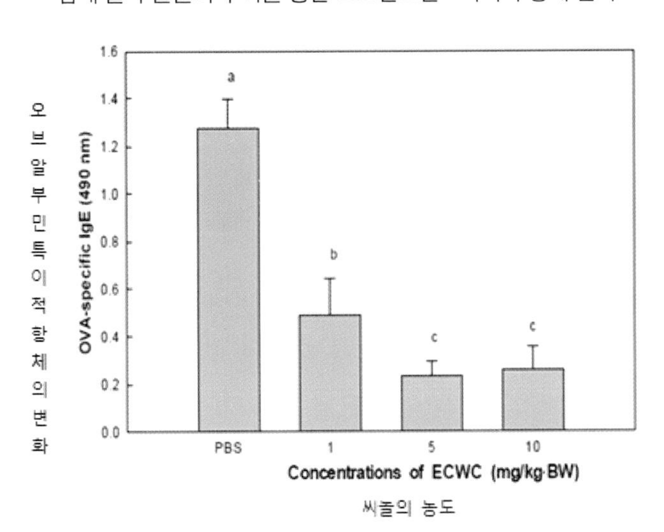

모든 시험 농도의 감태 물 추출물 투여 군이 PBS(완충용액)[03] 투여군에 비해 유의적으로 낮은 오브알부민 특이적 IgE 분비량을 보였다. 특히, 5와 10mg/kg · BW 농도의 감태 물 추출물 투여군은 PBS 투여군에 비해 약 80% 감소한 IgE 분비량을 보여 뛰어난 IgE 억제 활성을 나타내었다.

그러한 결과는 알레르기 유발 물질인 히스타민의 방출을 억제하는 효과를 갖게 되는 것으로 씨놀이 알레르기에 도움이 된다는 것을 입증하는 것이다.

출처 : Effect of Ecklonia cava Water Extracts on Inhibition of IgE in Food Allergy Mouse Model. J Korean Soc Food Sci Nutr 39(12), 1776 ~ 1782(2010)

그리고 미국의 워싱턴 대학의 Emil Chi 박사는 마우스의 천식 모델에서 씨놀을 12일 동안 투여한 결과 기도와 폐기관지의 염증과 점액의 생성과 분비가 줄고 폐기관지의 기능의 회복에 중요한 기능을 했다고 설명하고 있다.

필자가 씨놀 강의와 고객들에게 적용하면서 가장 인사를 많이 들었던 질환 중의 하나가 알레르기 비염의 호전사례이다.

알레르기 비염은 생명에 지장을 주지는 않지만 우리들의 삶을 많이 불편하게하고 특히 입으로 숨을 쉬게 하여 뇌 건강에 문제를 일으키거나 감염질환을 일으키기도 한다. 씨놀과 알레르기 질환과의 관계는 여러 가지 논문에서 그 효과를 입증하고 있다.

씨놀의 알레르기 효과에 대한 동양의학적인 고찰로 본다면, 비염은 몸이 냉한 사람들에게서 많이 온다고 하며 특히 말초 모세혈관이 외부온도에 민감하여 수축될 때 더 많은 불편감을 갖

03) PBS : Phosphate Buffered Saline. 인산완충용액+생리식염수.

는 사람들이 많다. 씨놀은 앞장에서 설명 드렸다시피 따뜻한 성분이며 항염증 작용이 특히 강하다. 따라서 씨놀성분이 들어간 제품은 모세혈관을 확장하고 항염 작용이 강하여 알레르기의 불편반응을 줄일 수 있다는 것으로 추론해 본다.

아래의 사진은 씨놀 제품을 3개월 정도 드시고 만성부비동염이 90% 정도 좋아진 사례이다.

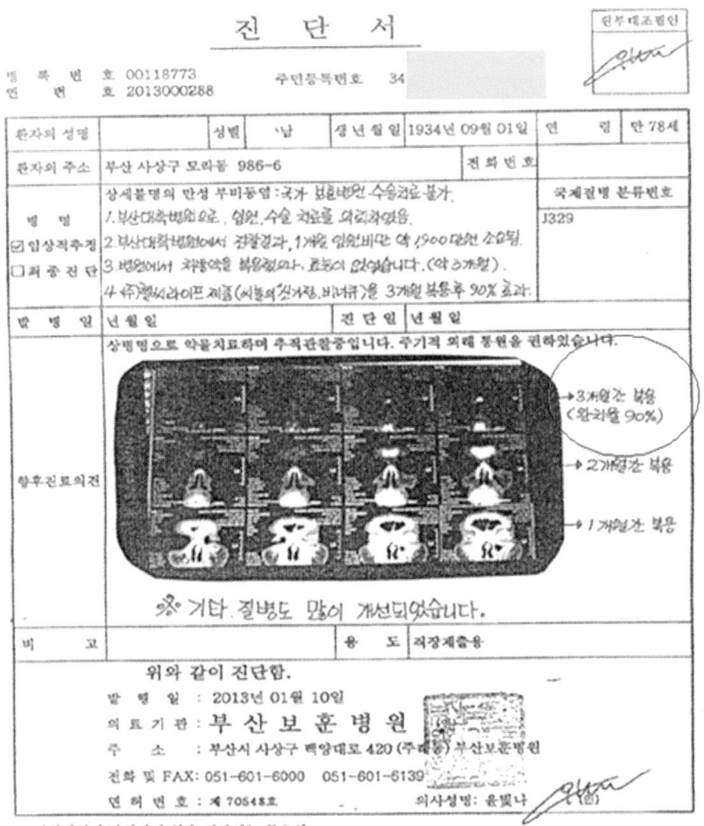

진 단 서

병 록 번 호 00118773 주민등록번호 34
연 번 호 2013000288

환자의 성명		성별	남	생 년 월 일	1934년 09월 01일	연 령	만 78세
환자의 주소	부산 사상구 모라동 986-6					전 화 번 호	
병 명 ☑ 임상적추정 ☐ 최 종 진 단	상세불명의 만성 부비동염 : 국가 보훈병원 수술치료 불가. 1. 부산대학병원으로. 입원, 수술 치료를 의뢰하였음. 2. 부산대학병원에서 진찰결과, 1개월 입원비만 약 1,900만원 소요됨. 3. 병원에서 처방약을 복용했으나, 효능이 없었습니다. (약 3개월). 4. (주)헬씨라이프 제품(씨놀의 선거장, 비너큐)을 3개월 복용후 90% 효과.					국제질병 분류번호	J329
발 병 일	년 월 일			진 단 일	년 월 일		
향후진료의견	상병명으로 약물치료하며 추적관찰중입니다. 주기적 외래 통원을 권하였습니다. → 3개월간 복용 (완치율 90%) → 2개월간 복용 → 1개월간 복용 ※ 기타. 질병도 많이 개선되었습니다.						
비 고				용 도	직장제출용		

위와 같이 진단함.

발 행 일 : 2013년 01월 10일
의 료 기 관 : 부 산 보 훈 병 원
주 소 : 부산시 사상구 백양대로 420 (주례동) 부산보훈병원
전화 및 FAX: 051-601-6000 051-601-6139
면 허 번 호 : 제 70548호 의사성명: 윤빛나 (인)

※ 병원직인이 날인되지 않은 진단서는 무효임.

(주) 헬씨라이프 회사에 감사드리고, 저와 같은 질병으로 고생하시는 모든 분들께 좋고, 유익한 정보가 되었으면 좋겠습니다.

※ 제품복용후 특이한 점은 제품 복용 후 피로가 전혀 없었습니다. 감사합니다.

3) 자가면역 질환과 씨놀

요즘 이름도 생소한 자가면역질환 환자들이 늘고 있다. 자가면역질환이란 면역계 질환으로 원래 면역을 담당하는 백혈구의 림프구중 T세포는 흉선이라는 면역훈련 사관학교를 졸업하면서 아군과 적군을 분별하는 능력을 가지고 림프선으로 투입된다.

만약 흉선에서 자기와 비자기를 구별하는 능력이 섬수 이하이면 졸업을 못하고 퇴출된다. 따라서 정상적인 사람의 T-세포는 적군과 아군을 잘 구별하여 적군은 공격하여 섬멸시키고 아군인 정상세포는 공격을 하지 않아서 정상적인 생존이 가능하도록 한다.

필자가 영양상담하는 고객들 중에는 병원에서 수많은 치료를 해도 잘 고쳐지지 않고 늘 재발하여 심지어는 눈이 실명하거나 장의 천공으로 사망하는 경우를 종종 본다.

자가면역질환은 그 이름만 해도 80여 가지 이상으로 증상과 발생부위에 따라서 다양한 이름들이 붙여지고 있다.

대표적인 자가면역질환 종류로는 류마티스 관절염, 루푸스, 베체트병 등이며 소화기관 전체에 염증을 일으키는 크론씨병, 췌장의 베타세포의 손상으로 인슐린 분비가 잘되지 않는 소아당뇨도 자가면역 질환 종류의 하나이다.

그중 많은 사람들을 고통스러운 삶으로 살게 하는 류마티스 관절염은 백혈구가 정상적인 관절 부위로 이동해 윤활액 조직을 공격함으로써 활액염이 생기게 하여 결국은 모든 연골을 녹여서 발과 손등이 굽어지고 심한 통증을 유발하는 난치성 질환이다.

현재 류마티스 관절염의 치료는 대부분 약물로 통증과 염증을 완화시켜 증상을 최소화하는 정도이며 심해지면 인공관절이나 수술을 하기도 한다. 그리고 자가면역질환 종류 중 천의 얼굴이라고 불리는 루푸스는 뇌신경, 신장, 피부, 근골격, 심장, 위장관, 장막 등 다양한 조직에 질환을 일으킨다.

현재 서양의학에서는 유전적 요인과 바이러스, 감염 등의 원인 정도 이외에는 정확한 원인을 밝혀내지 못하고 있고 그 치료법을 보면 정기검사와 약물조절로 꾸준히 조절해가는 수밖에는 다른 도리가 없고 아직 완치법은 없다.

자가면역질환 종류 중 젊은 층에 많이 발생한다는 베체트병은 구강궤양, 외음부 궤양, 눈질환, 피부염증을 주 증상으로 나타나는 자가면역질환이다.

이것 역시 서양의학에서는 정확한 원인은 밝혀지지 않았으며 치료를 하여도 호전과 악화를 반복하여 완치가 매우 힘들고 눈의 망막이나 포도막염이 심해질 경우에는 실명의 위험이 매우 높은 자가면역질환이다.

그밖에는 입이 마르고 눈이 건조한 증상이 발생하는 쇼그렌 증후군Sjogren's syndrome의 경우는 인체 밖으로 액체를 분비하는 외분비샘에 림프구가 스며들어 염증을 일으켜서 침과 눈물 분비가 감소하여 구강 건조 및 안구 건조 증상, 혹은 신체저난에 건조증이 나타난다. 특히 40대 이후의 중년여성들에게 주로 나타나는 증상으로 원인은 정확하게 밝혀져 있지 않다.

씨놀의 자가면역질환의 치유력

필자가 사실 씨놀에 대하여 이론적으로 공부하다가 현장에서 직접 효과가 있다는 소리를 들은 것은 평소 잘 알고 지내던 통증클리닉 원장의 이야기 덕분이다.

씨놀 관련 연구 논문를 보다가 내용이 매우 인상적이어서 통증클리닉 원장하는 친구에게 소개하니 그 친구는 이미 그 크림을 알고 있다고 말씀하셨다.

그 친구의 경우는 알게 된 계기가 환자를 통해서 알게 되었다는 것이다. 류머티스 관절염 때문에 내원하고 있는 환자 한분이 갑자기 불쑥 몸에 바르는 크림을 내 보이면서 이 크림을 사용하면 류머티스 약을 먹지 않아도 아침에 손이 뻣뻣한 것이 줄어든다는 이야기를 하면서 좀 구해줄 수 없느냐는 부탁이 있었다는 것이다.

그래서 정말 그런 크림이 있나 싶어서 수소문 끝에 그 당시 제조회사인 KT&G에 연락이 닿았고 그 회사로부터 씨놀 관련 자료를 얻어서 읽고 제품을 구입하여 환자분에게 전달해 주었다는 이야기이다. 덕분에 그 친구도 씨놀이 들어간 마사지 크림이 효과가 좋다는 것을 알고 있다고 말했다.

자가면역질환의 원인은 매우 다양하지만 필자의 경험에 의하면 우리 몸에 중금속이나 계면활성제와 같은 유해 화학물질들이 알게 모르게 우리 인체에 누적된 상태에서 과도한 스트레스상황에 처해졌을 경우 뇌신경계의 교란이 일어나 전체적인 항상성 시스템에 문제를 일으키는 것으로 생각된다.

따라서 자가면역계질환의 경우에는 가장 먼저 혈액이 정화되어야 되고 혈액의 정화를 위해서는 입으로 먹는 것, 피부에 바르는 것, 머리에 바르고 감는 것들을 매우 조심해야 한다. 특히 피부에 바르는 것은 특히 주의를 기울여야 한다.

그 이유는 입으로 먹는 것은 소화기관의 점막이나 간, 림프에서 걸러주는 방패 역할을 하여 유해성분이 인체 내에 침투되는 것을 최소화하지만 두피나 피부에 침투되는 물질들은 그대로 모세혈관으로 흡수되어 조직 속으로 침투하여 세포에게 영향을 미칠 수 있기 때문이다.

입으로 먹는 음식인 음료도 1차 면역기관인 점막이 유해물질을 막고 있다고 해도 그 양이 지속적이고 반복되면 소화기계통에 여러 가지 암이나 궤양이 발생할 수 있다.

그런데 우리는 이러한 메커니즘을 잘 알고 있음에도 불구하고 외부로부터 피부, 호흡기, 입으로 들어오는 독소들을 막을 수가 없다. 속세와의 인연을 모두 끊고 산에서 홀로 농사를 지으며 살지 않는 한 현대인들은 독소환경을 피하기는 불가능하다.

따라서 우리에게는 현실적인 대안이 매우 필요한 상황이며 우리의 환경과 먹거리가 이미 심각하게 오염되어 있다는 것도 인정하지 않을 수가 없다.

외부나 내부에서 발생되는 독소들은 우리 몸에 이물질로 작용하여 면역세포를 교란시키고 결국에는 면역세포가 자신에게 부여된 임무마저 망각하여 적군과 아군을 분별하지 못하게 된다.

그로 인하여 정상세포를 공격하여 염증을 유발시키고 세포가 파괴되어 괴사되는 결과를 초래한다. 우리가 외부나 내부 그리고 스트레스로부터 오는 여러 가지 독소로부터 우리 몸을 시시각각 지켜내는 것은 특별한 조치가 없는 한 불가능하다면 무엇인가 특별한 대안을 찾아야 한다.

씨놀은 이러한 우리의 현실에서 가장 훌륭한 대안이 될 수 있다고 생각한다.

필자가 씨놀 관련 논문들을 읽으면서 가장 인상 깊었던 것 중의 한 가지는 바로 활성산소 소거능력이 다른 항산화물질과는 비교가 되지 않을 정도로 매우 높은(ORAC 8368/g) 수치라는 것이다.

비정상 면역세포가 정상세포를 공격할 때 활성산소를 발생시키고 공격하여 염증을 유발시키고 괴사시키는데 씨놀의 이러한 높은 활성산소 소거력은 활성산소와 염증을 막아 세포의 괴사를 막는 중요한 기능 중의 하나가 될 수 있다.

또 하나는 염증의 마스터 스위치인 NF-kB를 효과적으로 제어

한다는 논문 내용이다.

자가면역계 질환은 염증과의 전쟁이라고 해고 과언이 아닌데 씨놀은 이러한 점을 약물이 아닌 천연물질로 가장 잘 커버 해주고 있다는 것이 매우 흥미로운 것이다.

그리고 폴리페놀의 특징은 항균효과가 매우 탁월하여 혈액이나 조직속의 바이러스나 세균을 퇴치하여 자가면역질환의 원인이 될 수 있는 인자를 제거할 수도 있다. 그리고 씨놀은 뇌파중 알파파를 많이 발생시키고 불면증에도 효과가 있다는 연구결과와 스트레스를 떨어트리는 연구결과들이 많이 발표되고 있는데 자가면역질환의 중요한 발생원인 중의 하나는 바로 과도한 스트레스 상황의 지속이므로 이 또한 씨놀이 자가면역질환에 매우 유용한 증거라고 할 수 있다.

4) 관절염과 신경통

우리나라도 환경적인 문제와 노인인구의 증가로 관절염 환자가 크게 늘어나고 있다. 관절질환은 대표적인 염증성 질환으로 삶의 질을 크게 떨어트리며 심한 통증을 수반한다.

특히 류머티스 관절염은 나이와 관계없이 젊은 층에서도 많이 발생되는 자가면역성질환으로 염증으로 연골을 파괴시켜서 심한 경우 걸을 수 없는 상태가 되고 만다.

필자의 외삼촌께서도 젊은 시절부터 류머티스 관절염으로 평생을 고생하시다 불구가 된 몸으로 세상을 떠나셨는데, 그분의 삶을 어린 시절부터 계속 지켜보면서 이 질병은 완치가 없이 계속 전신의 연골을 파괴하고 결국에는 서 있기조차 힘들게 하는 참으로 무서운 질병이라는 것을 알게 되었다. 결국 강력한 스테로이드성 소염진통제로 통증을 억제하면서 간신히 연명해가는 질병으로 질병을 앓고 있는 당사자는 물론 가족들도 매우 고통스러운 질병이다.

필자는 몇 년 전 어느 지인의 소개로 방문해 달라는 요청을 받고 안성부근의 한 마을을 찾은 적이 있었다.

처음 그 집을 전화로 통화를 하고 방문하는데 밖에서 인기척을 내어도 사람이 나오지를 않았다. 그래서 안방까지 들어가게 되었는데 그 순간 나는 소스라치게 놀라지 않을 수 없었다. 이불위에 누워있는 분의 모습은 머리만 있고 몸이 없는 사람처럼 보였는데 이야기인 즉슨 20대말부터 류머티스 관절염으로 10여 년을 고생하다가 지금은 모든 관절이 녹아내려 누워있을 수밖에 없다는 것이고 간신히 기구를 이용해서 전화를 한 것이었다.

병간호를 하다가 어머니는 이미 돌아가시고 언니 집에 머물고 있다는 사연이었다. 참으로 안타까운 모습이어서 지금도 그 모습이 기억에 생생하다. 그만큼 류머티스 관절염은 그 원인도 잘 밝혀지지 않았기 때문에 발병하면 사전에 철저하게 관리하지 않으면 심한 장애를 동반하는 전신성 질환이다.

또 관절질환 중 요즘 그 발생빈도가 크게 늘어나고 있는 통풍성 관절염도 그 통증이 바람만 불어도 아프다는 병으로 심한 통증을 유발한다. 필자도 27살부터 통풍이 발작하여 근 20년 이상을 통풍과의 전쟁을 하고 있는 중이다. 통풍은 음식으로부터도 오지만 대부분은 유전적인 문제로 콩팥에서 요산을 잘 배출시키지 못할 경우에 발생된다.

요산은 핵산이 분해될 때 몸에서 자연스럽게 발생되는 물질이며, 특히 육고기나, 퓨린체가 많은 등푸른 생선, 내장류, 효모식품을 장기간 섭취했을 때 혈액중의 요산수치가 올라가게 된다.

그런데 요산수치가 상승한다고 해도 모두 통풍이 오는 것이 아니다. 하지만 장기간 수치가 높은 상태일 때 요산결정이 생기면 면역세포는 결절을 이물질로 판단하여 공격을 하게 되고 염증을 일으키게 된다. 특히 온도가 가장 떨어지는 밤에 잘 발작되며 처음에는 혈류의 흐름이 약하여 온도가 떨어지는 엄지발가락에서 발생되는 경우가 많다.

요산결정은 특히 체온과 밀접한 관계가 있는데 체온이 떨어지면 결질이 잘생기고 염증이 유발된다. 염증이 유발되면 그 염증으로 인하여 관절의 연골이 파괴되고 결국 관절의 변형이 오고 심한 경우에는 너무 심한 통증 때문에 잠을 잘 자지도 못하는 경우가 왕왕 발생된다.

통풍이 심할 경우에는 10미터도 걷기가 힘들게 되고 병원에서 주는 요산 저하제를 오랜 기간 먹다보면 위장장애가 심해져서 궤양을 유발하기도 한다.

요산의 발생설은 여러 가지 원인이 많지만 스트레스와 관련된 학설이 지배적이다. 필자의 경우도 음식보다는 스트레스가 더욱 발작을 잘 일으키는 요인인 경우가 많았다.

그 메커니즘은 다음과 같은 이론으로 설명되고 있다. 요산은 사실 한편으로는 항산화제이기도 하다. 사람이 스트레스를 받으면 상대적으로 산소를 많이 소모하게 되고 산소를 많이 소모하면 활성산소가 대량으로 발생된다.

이러한 활성산소가 대량으로 발생될 경우에 우리 몸은 활성산소를 억제하여 세포를 보호하기위하여 항산화제인 요산을 많이 생산하게 되고 그 결과 혈중의 요산수치가 증가하게 된다는 이론이다.

이러한 이론은 통풍환자가 많은 일본에서 연구하여 발표한 이론으로 필자의 경우도 이러한 이론을 지지하는 편이다. 이 이론을 다시 한번 되돌아보면 스트레스를 억제하기 위하여 항산화제인 요산을 몸에서 지나치게 생성시킨다면, 반대로 스트레스를 받을 때 강력한 항산화제를 섭취한다면 우리 몸에서는 반대로 요산을 더 이상 만들지 않을 수도 있다.

필자의 경험으로 스트레스를 받았을 때 씨놀을 섭취하게 되면 현저히 그 발작이나 통증이 줄어드는 것을 느낄 수 있었다.

이러한 상관성은 아직 정식적으로 실험을 통해서 입증된 바는 아니지만 필자의 경험으로는 충분한 가능성이 있는 가설이 될 수 있다고 생각한다.

또 하나, 관절염은 노인이 되면서 가장 흔하게 발생되는 퇴행성 관절염이다. 퇴행성 관절염은 노인이 되면서 관절의 연골이 닳아서 뼈가 맞닿으면서 생기는 것으로 염증을 수반하고 심하면 관절에 변형을 일으키며 인공관절 수술을 행하기도 한다.

퇴행성 관절염은 지나친 연골의 사용이나 과체중, 유전적 성향 등으로 인하여 많이 발생되는데 현대의학에서는 연골의 재생은 어렵고 약물로 그 진행을 억제하는 수준 정도이다.

위의 3가지 관절염의 특징은 원인은 다르지만 결과론적으로는 모두 염증성 질환이라는 공통점이 있다. 염증이 관절의 활액에 발생되면 연골이 파괴되고 결과는 모두 걷기가 힘들게 된다는 것이다.

결국은 약물 치료의 경우도 염증을 억제하여 연골이 파괴되는 것을 막기 위한 방편뿐이다. 하지만 관절염을 잡기위하여 먹는 약물들은 모두 오래 장복하면 모두 위장과 간질환을 야기하는 경우가 많이 발생된다.

씨놀과 관절염

씨놀의 특징은 약물과 비교해서도 그 기능이 뒤지지 않는 염증성 질환에 탁월한 기능을 보인다.

관절염 질환에서 아무리 장복해도 인체에 아무런 부작용이 없이 염증을 관리해간다면 연골의 파괴를 막을 수 있다. 특히 연골은 혈관이 없기 때문에 근처까지 뻗어 있는 모세혈관이 막혀 있을 경우에는 연골까지 연골을 형성하는 영양물질의 전달이 어렵다. 따라서 연골에 좋은 글루코사민이나 콘드로이친을 섭취하여도 혈관이 막혀 연골까지 전달이 안될 경우에는 아무리 좋은 성분을 먹어도 소용이 없다. 하지만 씨놀을 통하여 말초 모세혈관을 확장하고 염증을 제거한 후 연골생성에 도움이 될 수 있는 성분을 섭취할 경우에는 연골의 재생도 어려운 이야기만은 아니라고 생각된다.

필자의 경험으로 혈관을 씨놀을 통해서 열고 콘드로이친이나 글루코사민을 통해시 연골에게 영양을 주었을 때 건강한 몸으로 다시 통증 없이 잘 걸으시는 분들이 있었다.

아래의 토끼를 대상으로 한 연구결과에서는 씨놀이 연골 주요 성분인 콜라겐 합성을 촉진하여 부작용 없이 염증과 통증을 감소시켜 준다는 것을 보여준다.

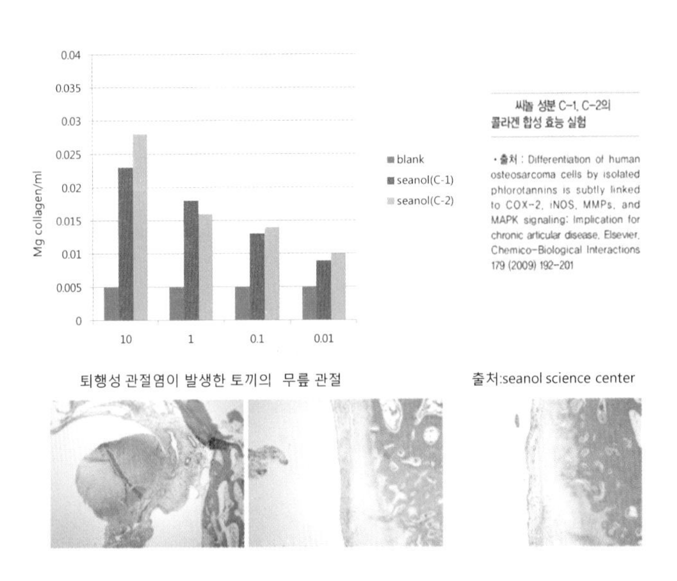

윗 표에서 보듯 씨놀 성분 C-1, C-2는 대조군에 비해 각각 3.8배 4.7배로 콜라겐 합성을 촉진시키고 농도를 높일수록 합성능력은 배가 되는 것으로 나타났다.

아래의 표는 무릎관절환자에게 씨놀을 1일 480mg, 12주간 투여했을 때의 무릎관절 활동의 불편함 지수[ISK Score]와 통증 지수[VAS Score]를 그래프화한 것이다. 플라세보 투여군에 비해 씨놀 투여군에서 활동의 불편함과 통증 모두 크게 경감된 것을 알 수 있다.

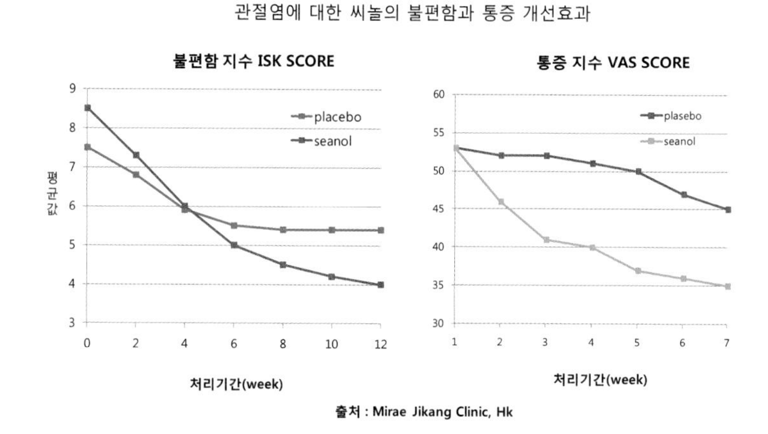

특히 씨놀을 구성하는 디벤조-p-디옥신 유도체가 염증 개선 효과가 뛰어나 관절염 치료용 조성물로 국내 특허를 받았다.

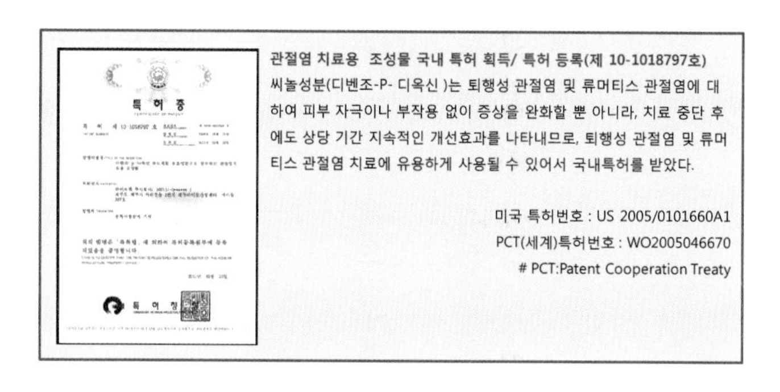

2 심혈관계 질환과 씨놀

1) 고혈압

2010 국민건강 영양조사 결과에 따르면 한국 사람들의 50대 이후 고혈압 유병율은 40대의 17.0%, 50대 37.3%, 60대 55.6%, 70대 61.2 %로 연령이 높아질수록 크게 증가하는 것으로 나타났다.

사람은 나이가 들면서 혈관에 슬러지가 끼고 동맥이 좁아지면 말초혈관까지 혈액을 공급하기 어려워 세포에게 영양을 공급하기 어려워진다, 따라서 심장은 펌핑 압력을 높여야만이 좁아진 혈관을 통해 말초까지 혈액을 보낼 수 있기 때문에 자연히 혈압은 높아지게 된다.

그런데 우리는 혈압 기준치인 120/80을 맞추어 놓고 그보다 높아지면 무조건 약을 투여하여 강제적으로 혈압을 떨어트린다. 이런 경우 높아진 혈관내의 압력이 강제적으로 떨어지면 반대적으로 말초에서 혈액을 공급받아 산소와 영양소를 공급받아야하는 세포들에게는 혈액공급 부족으로 인한 치명적인 산소결핍과 영양불량 상태에 빠지게 된다.

그렇다고 혈압이 높은 상태로 그대로 오랜 시간 방치하면 뇌

동맥류[04]나 신부전증 등의 생명이 위험한 상태에 놓이게 된다. 혈압이 높아지는 것은 뇌출혈로 인한 중풍의 발생율을 높이기도 하기 때문에 무작정 혈압약을 안 먹는 것도 위험한 일이다.

필자가 몇 년 전에 겪었던 일이다. 평소 친하게 지내던 모 한의원 원장님의 이야기인데 평소 약간의 혈압이 있는 상태에서 혈압 약을 먹지 않은 상태로 한약재로만 다스리고 있었다.

그런데 평소에는 술도 잘 드시고 별일이 없었는데 그 날은 스트레스를 받은 상태였는지 직원들과 회식하는 중에 쓰러져 119에 실려 긴급히 병원에 실려 갔으나 이미 늦은 상태로 돌아가시고 말았다. 그리고 다른 경우는 아는 지인이 돌연사로 갑자기 사망했는데 그 분의 경우는 평소에 혈압도 정상이고 병원 검사에서 경동맥이나 관상동맥의 동맥경화도 건강하다고 판정받았으나 판정 받은지 2달도 채 되지 않은 상태에서 갑자기 회의 중에 쓰러진 경우이다.

통계에 의하면 전체 돌연사의 50% 정도가 평소에 혈압도 없고 동맥경화가 없는 사람들이라는데 우리가 언뜻 듣기로는 납득하기가 어렵다.

이러한 경우는, 사람들이 평소에는 혈압이 정상이지만 갑작스럽게 스트레스를 받을 경우 혈압이 갑자기 상승하게 되는데 이때 혈관의 내피의 탄력성이 떨어져 있는 경우에는 그 순간적인 압력을 견디지 못하고 터지고 마는 경우이다. 따라서 신축성 있는 혈관내피의 탄력성이 혈압의 높고 낮음보다도 오히려 매우 중요하다고 할 수 있다.

혈관의 내피탄력성이 떨어지는 것은 활성산소와 염증으로 인하여 내피조직이 경화된 경우이므로 평소에 활성산소와 염증을

04) 뇌동맥류(cerebral aneurysm, 動脈瘤)는 뇌혈관 동맥의 내측벽이 약화되어 풍선처럼 불룩 튀어나온 것.

꾸준히 관리한다면 내피의 탄력성이 증가하여 혈압이 급격히 상승해도 터지는 경우가 드물다.

따라서 혈압이 높아진다는 이야기는 모세혈관이 막히고 동맥경화가 심해지고 있다는 이야기이므로 혈압 약에만 무조건 유지해서 관리한다고 하는 것은 다른 질병을 야기 시킬 가능성이 매우 높다.

혈압이 높은 상태에서는 혈압 약으로 유지하면서 근본적으로는 혈관의 탄력성을 개선하고 말초모세혈관을 확장시키는 근원적인 치료를 병행해야 한다.

씨놀은 천연제제로써 혈압의 상승과 관련 있는 ACE**Angiotensin-converting enzyme**[05] 효소를 강력하게 억제한다. 기존의 약들은 이것을 억제하는 과정에서 원하지 않는 부작용이 수반되나 씨놀은 부작용없이 ACE를 억제하여 혈압상승의 요인을 제거하고 효과적으로 혈관을 팽창시켜서 혈압을 떨어트리는 역할을 한다.

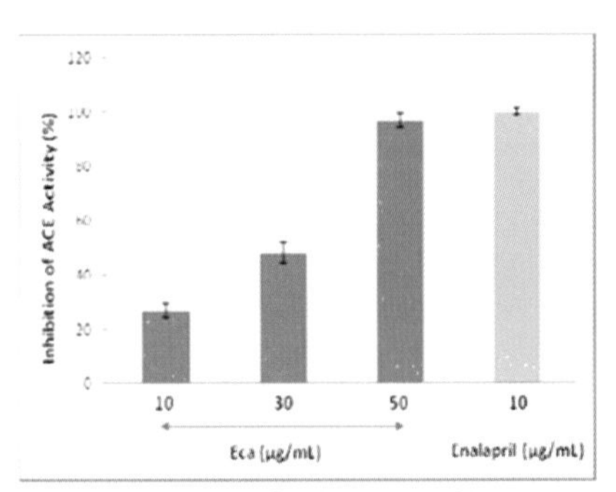

SEANOL compounds (Eca on graph)

출처 : Angiotensin-converting enzyme I inhibitory activity of phlorotannins from Ecklonia stolonifera HA Jung, SK Hyun, HR Kim, JS Choi; Fisheries Science, Volume 72, Number 6 / November, 2006, p. 1292-1299

05) ACE란 Angiotensin Converting Enzyme(안지오텐신 전환효소)의 약자. 체내에는 angiotension이라는 혈관기능 조절물질이 있다. 이 안지오텐신도 type1과 type2가 있는데, 이중에서 type2가 활성형으로 혈관을 수축시키는 직접적인 원인이 된다. 즉 비활성인 안지오텐신 타입1이 ACE의 작용에 의해 활성형인 Angitension type2가 되는 것이다. 즉 ACE가 발현이 되면 될수록 체내에서 혈관의 수축과 알도스테론 분비로 인해 나트륨의 저류가 일어나서 혈압이 상승하여 고혈압의 원인이 된다. 또한 ACE는 혈관 확장물질인 Bradykinin의 불활성화를 일으켜서 이 또한 혈압상승의 원인이 된다.

위의 그래프는 혈압약과 비교해서 씨놀의 농도가 높아질수록 약의 효과와 균등해지는 것을 나타내고 있다.

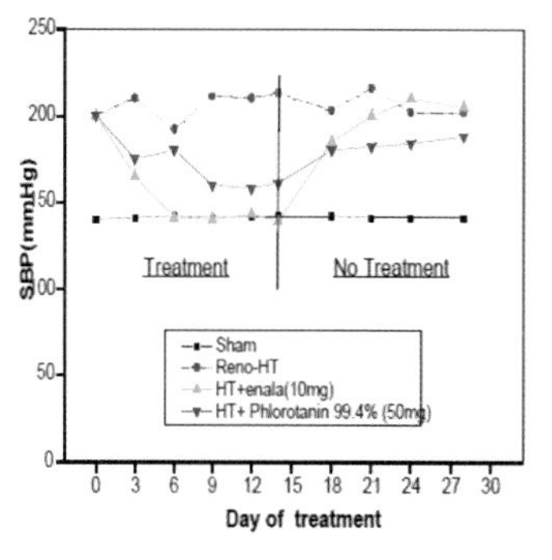

•쥐의 심장동맥을 차단, 혈압(SBP)이 정상인 140에서 200mmHg로 증가
•경구섭취: 씨놀 및 혈압약(enalapril)
•* Korean J. Pharmacogn. 37:200~205(2006)

출처 : Korean J. Pharmacogn. 37:200~205(2006)

씨놀과 혈압 약과의 동물 비교 실험연구에서 혈압 약은 혈압을 즉각적으로 떨어트리는 효과가 있었으나 혈압 약Enalapril을 멈추자 바로 높은 혈압으로 다시 복귀되는 것을 확인할 수 있었다. 그러나 씨놀 제품은 혈압 약보다는 즉효성은 좀 느리지만 혈압을 떨어트리는 것이 약과 같은 수준으로 효과적이라는 것이 실험적으로 확인되었다. 그리고 씨놀 섭취를 중단한 경우에도 높은 혈압으로 다시 복귀되는 속도가 서서히 이루어지는 것이 실험결과 밝혀졌다.

로버트 로웬 박사는 자신의 홈페이지 세컨드 오피니언에서 혈전 방지제로 잘 알려진 일본의 낫토 보다도 오히려 씨놀이 응고된 혈액을 잘 풀어주고 혈압을 떨어트리는데 더 효과적이라고 말하고 있다.

Powerful natural compound dissolves blood clots and lowers blood pressure BETTER THAN NATTO!

2) 고지혈증

고지혈증이란 혈액 내에 지나치게 중성지방이나 콜레스테롤과 같은 지질성분이 과도하게 포화된 상태를 말하며, 고지혈증이 높은 상태로 오랜 시간 지속되면 혈관내 벽이 두꺼워지고 혈전이 잘 생겨서 혈관이 막히는 뇌경색이나 심근 경색 등의 질병이 잘 발생된다.

그러므로 혈액검사에서 늘 필수적으로 관리하는 요소가 콜레스테롤과 중성지방의 수치이다.

콜레스테롤은 우리 몸에 지나쳐도 나쁘지만 적어도 더욱 문제가 된다. 즉 콜레스테롤은 담즙산과 호르몬, 비타민D를 합성하는 원료이기 때문이다.

그러나 요즘에는 극단적인 식이 제한환경이 아니라면 모자란 적은 거의 없다. 모두 지나치게 음식을 통해 많이 섭취되거나 생성된 몸에서 합성된 콜레스테롤이 잘 배출이 되지 않기 때문에 간과 혈관에 지나치게 쌓여 지방간과 동맥경화를 유발하게 된다.

고지혈증의 경우는 대부분이 지나친 칼로리 섭취로 인한 과도한 중성지방 합성으로 혈액이나 조직 등에 쌓여서 비만의 원인이 된다.

이러한 고 콜레스테롤증과 고 중성지방증은 대부분 식이요법과 운동으로 조절이 가능하다. 가능한 고지혈증 치료제인 스타틴 계열의 약물에 의존하지 말고 천연적인 식이요법이나 운동으로 조절하는 것이 최선의 방법이다. 스타친계열의 약물은 사람에 따라 치명적인 부작용도 수반될 수 있다는 것도 간과해서는 안 된다.

씨놀을 통해 고지혈증 개선에 관한 6주 동안의 실험연구에서 나쁜 콜레스테롤LDL수치와 중성지방 수치가 유의적으로 떨어졌으며 좋은 콜레스테롤HDL은 유의적으로 상승하였다.

Lipid profile before and after:

	Before	6 weeks later	Difference	% Change
Total cholesterol (mg/dL)	228.3±6.95	224.0±6.08	-4.3	- 1.9%
LDL cholesterol (mg/dL)	141.1±6.24	135.2±5.64*	-5.9	- 4.2%
HDL cholesterol (mg/dL)	46.5±1.83	50.7±2.04**	+4.2	+ 9.0%
Atherogenic index[1]	3.91±0.15	3.42±0.14*	-0.49	- 12.5%
Triglycerides (mg/dL)	215.1±23.5	195.4±25.3*	-19.7	- 9.2%

[1] Atherogenic index = (total cholesterol - HDL cholesterol)/HDL cholesterol
*p<0.05, **p<0.01(compared with initial values)

또 다른 21명을 대상으로 한 연구에서도 씨놀을 매일 6캡슐(1캡슐당 100mg)을 2회에 나누어 8주 동안 실험한 결과 콜레스테롤과 중성지방의 수치가 유의적인 변화를 나타내었다.

N=21	Week 0	8 week	Difference	% Change
Total Cholesterol (mg/dL)	258.26 ± 28.11	233.43 ± 32.08*	-24.83	-10
LDL Cholesterol (mg/dL)	171.13 ± 28.02	141.78 ± 34.43*	-29.35	-17
HDL Cholesterol (mg/dL)	48.52 ± 12.77	50.09 ± 13.16	+1.57	+3
TG (mg/dL)	197.74 ± 132.04	179.2 ± 112.69*	-18.54	-9
Atherogenic Index	4.32 ± 0.45	3.66±0.34*	-0.66	- 15.2

*p<0.01 based on Week 0 data.

출처 : Effect of SEANOL Supplementation on Hyperlipidemia Shin HC, Mirae Medical Foundation,December 2008

3) 심장병

심장병은 심장에 혈액을 공급하는 관상동맥이 막히거나 좁아져서 오는 협심증이나, 혈전이나 동맥경화 등의 원인으로 인하여 관상동맥이 막혀서 오는 심근경색이 주를 이루고 있다.

그리고 심장의 근육이 일정한 간격과 강도로 수축과 이완을

규칙적으로 해야 하나 심장의 선천적인 이상 담배, 술, 카페인, 심근경색, 고혈압, 갑상선기능 항진증, 스트레스, 칼슘부족 혹은 기타 다른 요인에 의해서 심장에 전기적인 자극을 주는 동방결절에 문제가 생겨 심장의 전기 자극이 잘 만들어지지 않거나 자극의 전달이 잘 이루어지지 않아 심장 박동이 비정상적으로 빨라지거나 늦어지는 현상이 일어나는 부정맥arrhythmia이 있다.

심장은 우리 몸에 꼭 필요한 혈액을 전신으로 보내는 펌푸 역할을 하므로 심장이 제대로 된 역할을 하기위해서는 관상동맥에서 심장으로의 혈액공급이 매우 원활해야 하며, 동방결절의 전기발생과 전달시스템에 이상이 없어야 한다.

관상동맥이 좁아지거나 막히는 현상의 원인은 주로 높은 콜레스테롤이나 높은 중성지방상태가 오래되어 혈관에 기름때가 끼게 되어 혈관을 좁게 하는 원인이 된다.

동방결절의 전기자극 시스템의 오류는 주로 오랜 스트레스로 인하여 교감신경이 높아진 상태로 유지하게 되면 자율신경 조절능력이 상실되어 오는 경우가 많다.

씨놀의 특성은 혈액을 건강하게 하는 고지혈증과 고혈압에 탁월한 조절기능이 있음을 위에서 설명한 바 있다. 심장과 혈관건강은 분리할 수 없는 불가분의 관계이다. 따라서 씨놀에 의한 혈액건강은 심장질환의 치유와 예방에 당연히 탁월한 기능을 가질 수 있는 것은 자명한 사실이다.

아래의 그래프는 씨놀을 이용한 심혈관의 기능개선에 관한 임상연구 결과이다.

이 연구는 씨놀이 혈관 내피의 재생과 혈관의 탄력을 얼마나 개선시키는 가를 알아보기 위한 연구였다.

이 연구에서는 FMD flow-mediated dilation[06]와 NMD Nitroglycerin-mediated dilation[07]를 사용하여 실험하였는데 FMD는 혈류량이 증가했을 때에 어느 정도 혈관이 확장하는가를 측정하는 것으로 혈관내피 의존성 혈관 확장성을 말하는 것이며, FMD 값은 손상된 혈관내피를 가지고 있는 사람은 건강한 사람에 비하여 그 값이 낮게 나타난다.

NMD는 니트로글리세린에 의한 혈관의 확장도를 측정하는 것으로 내피 비의존성 혈관 확장력을 말하는 것이며 주로 혈관의 탄성도를 측정하기 위하여 사용된다. 니트로글리세린은 협심증의 발작을 억제하기 위한 약이며, 강제적으로 혈관의 근육을 이완시킴으로써 혈관을 확장한다.

연구대상은 정상인 28명과 관상동맥질환을 가지고 있는 사람 CAD[08] 11명으로 구성하였고 관상동맥질환을 가지고 있는 사람들은 관상동맥이 50%이상 막혀 있는 협심증 환자들이었다.

두 그룹에게 동일한 양의 씨놀을 섭취하게 한 후 6주가 지난 후에 변화 값을 데이터로 산출하였다.

왼쪽그래프는 FAD값을 나타내고 있는데 여기서 건강한 사람은 6주 후에 변화가 없지만 협심증이 있는 사람의 그룹에서는 씨놀 투여 전에는 건강한 사람보다도 낮았던 혈관 확장도가 투여 후에는 건강한 사람보다도 눈에 띄게 높아져 있다.

이것은 굳고 좁아져 있는 동맥의 내피가 씨놀에 의해 재생되어 혈류량에 따라 확장 또는 신축하는 본래의 유연성을 되찾았

06) FMD Flow-Mediated Dilation, 동맥내피세포기능검사, FMD수치가 높을수록 혈관내피세포의 기능이 우수하다는 것을 의미하며, 이 수치가 낮아질수록 동맥경화 심화를 의미.

07) NMD, nitroglycerin-mediated vasodilation 혈관평활근의 니트로글리세린에 대한 반응성을 나타내는 검사.

08) CAD, Coronary Artery Disease 심장 관상동맥질환.

다는 것을 말해주는 것이며 씨놀이 내피세포의 회복을 이끄는 놀라운 활동력을 가진다는 것을 시사해주는 것이다.

오른쪽 그래프는 NMD를 나타내는 것으로 건강한 사람의 그룹에서는 씨놀 투여 전후에서 니트로글리세린에 의한 혈관 확장도에 변화는 거의 없지만 협심증이 있는 사람의 그룹에서는 씨놀 투여 전은 건강한 사람에 비해서 현저하게 낮았던 혈관 확장도가 투여 후에는 건강한 사람과 같은 수치까지 높아져 있다.

즉 협심증이 있는 사람의 경우 씨놀 투여 전에는 강제적으로 니트로글리세린에 의해서 혈관의 근육을 이완시켜도 건강한 사람만큼 혈관이 확장되지 않았지만 씨놀 투여 후에는 건강한 사람과 같은 수치만큼 상승했다는 것이다.

이것은 혈관내의 동맥경화를 유발하는 혈관내피의 콜레스테롤이나 혈전 등이 씨놀에 의해서 사라져서 혈관의 탄성도를 올렸다는 것을 의미하는 것이다. 따라서 씨놀은 혈관 내피를 재생하여 혈관 본래의 탄력성을 회복하고 혈관 내피의 동맥경화 유발물질 들을 제거시켜서 혈관을 깨끗하게 함으로써 심혈관 질환을 예방하고 치유한다고 볼 수 있다.

이러한 결과는 씨놀의 대표적인 특성인 강력한 항산화제의 기능과 항염증기능이 작용하여 얻어진 결과라고 생각되어지고 근래에는 혈관에 발생되는 염증이 콜레스테롤과 섬유질들이 혈관에 부착하도록 촉발시킨다는 이론이 추가되어 더욱 씨놀의 가치를 빛나게 하고 있다.

씨놀과 니트로사민에 의한 혈관 확장성 시험

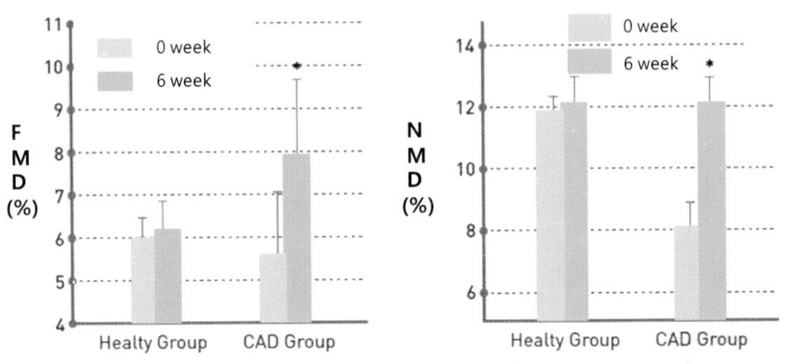

* CAD(Coronary Artery Disease) – 관상동맥 질환

Vasodilatory function before and after:

	Non CAD (n=28)		[3]CAD patients (n=11)	
	Week 0	Week 6	Week 0	Week 6
[1]FMD(%)	6.09±0.57	6.12±0.82	5.46±1.70	7.83±1.95*
[2]NMD(%)	11.5±0.98	12.2±1.03	7.94±1.09	11.8±1.72*

[1]FMD: flow mediated dilation; [2]NMD: nitroglycerin mediated dilation
[3]CAD: coronary artery disease
*$p<0.05$

출처 : Mirae Medical Foundation, Korea

워싱턴 주립대 병리학과 에밀치 박사는 동물 마우스 모델을 통해서 비만 쥐의 대동맥 혈관을 관찰한 결과 설탕을 섭취한 마우스 혈관(왼쪽)과 달리 씨놀을 섭취한 마우스의 혈관(오른쪽)은 염증이 거의 없고, 동맥경화가 진행되지 않은 것을 볼 수 있다.

이것은 씨놀이 심장의 관상동맥내의 활성산소와 염증을 억제하여 죽상경화에 의한 협심증과 심근경색증의 유발을 막을 수 있다는 또 하나의 근거가 되는 연구라 할 수 있다.

심장 질환 중 부정맥과 같은 질병의 또 다른 원인 중에 심근의 전기자극 시스템의 오류가 있는데 이것은 대부분 과중한 정신적 스트레스로 인한 자율신경계의 기능이 비정상적일 경우에 발생된다.

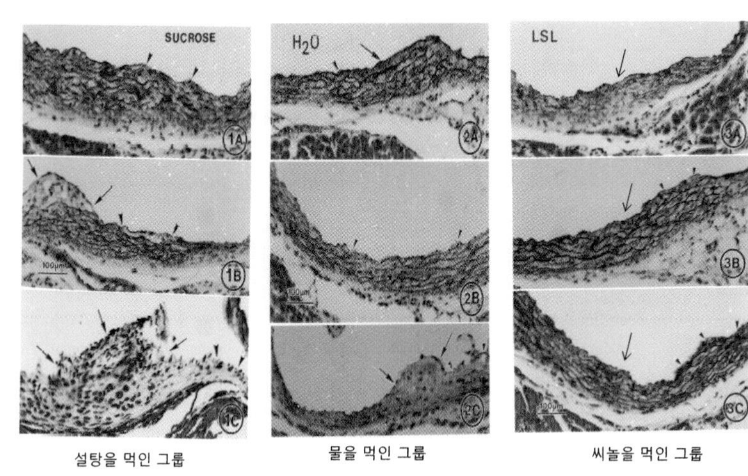

출처 : Dr. Emil Y. Chi, Department of Pathology, University of Washington

자율신경계는 신경 끝에서 신경전달물질을 방출하여 작용하는데, 부교감신경에서는 아세틸콜린이 나오고 교감신경에서는 아드레날린의 일종인 노르아드레날린이 나온다.

스트레스 또는 급격한 자극에 대처하는 상황에서는 주로 교감신경의 지배하에 놓이게 되는데 부신의 피질에서는 코티졸을, 부신의 속질에서는 아드레날린을 분비시켜 온몸을 순환한다.

이에 반해 부교감신경은 중추신경에서 나오는 자극이 국한된 부위에만 전달되므로 이에 대한 반응도 국소적으로 일어나는데 생명유지에 필수적인 기능을 조절하고 있다. 특히 위장과 소화기관은 부교감신경계의 지배를 받는다. 일반적으로 교감신경은 에너지의 소비에 관여하고 부교감신경은 에너지의 보존과 회복에 관여한다.

아세틸콜린은 주로 부교감신경지배하에서 주로 생성되는데 아세틸콜린의 분비량이 늘어나면 부교감신경의 지배력이 높아지고 상대적으로 교감신경의 지배력이 낮아져서 스트레스 호르몬의 분비를 저하시키게 된다.

씨놀의 또 다른 동물 실험 연구결과[09]에서는 씨놀을 투여한 그룹이 대조군에 비하여 전두엽에서는 140%나 아세틸콜린의 양이 증가하였다. 이것은 씨놀이 부교감신경을 활성화시켜 스트레스에 의한 교감신경 활성화를 막고 자율신경의 조절에 도움이 될 수 있음을 시사해 주는 것이다.

결론적으로 씨놀은 관상동맥을 건강하게하고 자율신경계를 정상화시켜서 심장병의 예방과 치유에 도움이 된다고 할 수 있다.

09) Improvement of Memory by Dieckol and Phlorofucofuroeckol in Ethanol-Treated Mice: Possible Involvement of the Inhibition of Acetylcholinesterase, Chang-Seon Myung, and et. al., Arch Pharm Res, Vol. 28, No. 6, p. 691-698, June 2005

3 대사성 질환과 씨놀

1) 당뇨질환

당뇨질환은 한국인의 국민병이라고 할 정도로 50대 이상의 당뇨환자의 발생은 나날이 증가추세에 있다.

2010년 국민건강 영양조사 자료에 대한 건강보험 심사평가원 분석결과에 따르면 국내 당뇨병 환자는 30세 이상 성인 인구의 12.4%인 400만명에 이르고 있고 이러한 증가 추세이면 2050년에는 1000만명 시대에 이를 것으로 예상한다. 한국인들의 당뇨 발생율은 미국보다 높은 수준으로 알려져 있으며, 당뇨 합병증에 의한 후천적인 시각장애 환자들도 꾸준히 늘어나고 있다.

당뇨의 원인은 동양의학과 서양의학에서는 그 원인을 조금 다르게 보지만 포도당을 세포내로 진입시키는데 필요한 인슐린에 대한 견해는 원인과는 별개로 결과론적으로는 같은 결론이다.

당뇨는 흔히 1형 당뇨와 2형 당뇨로 나뉘고 있는데 1형 당뇨의 경우는 소아 당뇨라고도 하며 이것은 선천적 혹은 자가면역성질환으로 인하여 췌장기능이 저하되어 베타세포에서 인슐린 분비력이 선천적으로 적은 경우에 발생된다.

2형 당뇨는 잘못된 생활습관 때문에 발생되는 것으로 췌장기능의 저하로 인한 인슐린 분비능력 저하와 세포막의 인슐린 저항성으로 크게 구분되는데 인슐린 저항성은 이제까지 비만에 의한 세포막 인슐린 저항성이 원인으로 알려져 왔으나 근래에 새롭게 부각되는 새로운 학설은 세포내의 미토콘드리아의 손상설이다.

이 이론은 서울대학교 이홍규 교수께서 주장한 이론으로 세포내의 미토콘드리아가 활성산소와 세포내 염증 등으로 그 숫자가 줄어들면 포도당과 산소를 원료로 에너지를 생산하는 미토콘드리아는 포도당을 세포내로 유입시켜서 에너지를 만드는 일에 한계가 생기고 그 결과 세포막에서는 인슐린을 거부하게 되고 포도당의 세포내 유입은 제한적이게 된다.

그러한 결과 혈관내의 혈액 속에는 포도당 성분이 지나치게 넘쳐나서 소변을 통해 배출되고 그 결과 신장의 거름망인 사구체의 모세혈관이 막혀서 신장기능이 급격히 저하되어 신부전증을 일으키거나 눈의 망막 뒤의 맥락막의 모세혈관층이 막혀서 망막에 영양과 산소를 공급하지 못하게 되어 실명에 이르게 한다. 또 말단부위의 신경염 등으로 인하여 신경마비가 오게 되고 발끝의 작은 상처에도 면역세포가 모세혈관을 따라 이동할 수가 없어서 결국은 다리가 썩고 절단하게 되는 길에 이르게 된다.

필자는 당뇨병에 대하여 5 부류로 나누어서 관리하기를 권장한다.

첫째는 양쪽부모 한분이라도 당뇨가 있었으나 현재 당뇨병이 없는 40대 이후.

둘째는 현재 당뇨가 발병하였고 발병한지 1년 미만인 사람.

셋째는 당뇨가 발생한지 1년 이상으로 아직 합병증이 없는 사람.

넷째는 당뇨가 발생한지 1년 이상으로 합병증이 없으나 상처가 잘 아물지 않는 사람.

다섯째는 당뇨가 발병한지 1년 이상으로 눈이나, 콩팥, 족부 등에 합병증이 이미 시작한 사람.

당뇨병은 치료가 가능한 상태가 있고 치료가 어려운 상태가 있다. 취장의 인슐린 분비세포인 베타 세포의 기능이 많이 소진되어 인슐린의 분비능력이 크게 떨어진 사람의 경우에는 최선을 다해서 합병증을 막아야 한다. 그러나 인슐린의 분비능력은 정상적이나 세포막의 인슐린 저항증의 경우에는 당뇨병이라고 해도 치료가 가능하다.

그것은 포도당을 사용하는 세포내의 미토콘드리아는 스스로 핵을 가지고 있어서 환경이 나쁘면 그 숫자가 줄어들지만 활성산소와 염증이 사라지면 미토콘드리아는 스스로 복제세포를 만들어서 그 숫자를 늘릴 수 있기 때문이다.

씨놀과 당뇨와의 관계

씨놀의 대표적인 특징은 항산화기능과 항염증기능이다. 고순도와 고함량의 폴리페놀은 천연적인 염증 치료제로 널리 알려져 있다. 염증의 억제 및 치료는 세포를 복원하는데 가장 중요한 요소이다. 씨놀은 세포내의 미토콘드리아가 손상되는 활성산소와 염증을 가장 강하게 막을 수 있는 천연물질 중의 하나이다. 그리고 모세혈관의 확장능력과 강력한 항염 작용은 합병증을 막는데 탁월한 기능을 할 수 있다.

첫째 양쪽부모 한분이라도 당뇨가 있었으나 현재 당뇨병이 없는 40대 이후인 사람은 식생활관리가 매우 중요하다. 유전적으로 취약성을 가지고 있기 때문에 유전적인 취약성이 없는 사람들에 비하여 같은 식생활을 한다고 해도 당뇨에 노출될 가능성이 매우 높다.

당뇨의 예방은 무엇보다 빠르게 소화되는 음식을 피해야 한다. 예를 들어서 정백가공 식품인, 떡, 빵, 설탕, 흰밥, 밀가루음식과 같은 단당류로 쉽게 소화되어서 인체 내에 빠르게 흡수 된다면 그만큼 췌장에서 만들어내는 인슐린은 빠른 시간 내에 인체 내에 흡수된 포도당을 처리하기 위하여 많이 생산해야 된다.

평생 동안 인슐린은 베타세포에서 생산되는 양이 정해져 있다는 말도 있다. 그렇다면 최대한 췌장의 베타세포가 혹사당하지 않도록 해야 하는데 그 해답은 섬유질이 많은 가공되지 않은 식품을 주로 섭취하는 것이다.

섬유질을 많이 섭취하면 탄수화물에서 포도당으로 전환되어 흡수되는 속도가 늦어지고 계속 급속하게 처리해야할 포도당이 줄어듬으로써 췌장의 베타세포는 서서히 능력껏 인슐린을 분비시켜서 처리하면 된다. 그 결과로 유전적으로 취약한 췌장을 가지고 있다고 해도 당뇨없이 건강하게 살 수가 있다.

둘째 현재 당뇨가 발병하였고 발병한지 1년 미만인 사람의 경우는 이미 당뇨병이 왔으나 심하지 않은 경우이므로 이때가 정상적인 몸으로 완치시킬 절호의 기회이다.

씨놀은 세포내의 미토콘드리아를 괴사 시키는 활성산소와 염증을 근원적으로 치료하는 기능이 있으므로 위의 경우처럼 섬유질이 많은 음식과 함께 씨놀이 함유된 제품을 꾸준히 섭취한다.

3개월 이상 꾸준히 섭취하면 미토콘드리아의 세포내 괴사가 줄어들고 세포 분할이 이루어져 세포내의 미토콘드리아의 숫자가 증가하게 되고 미토콘드리아의 숫자가 늘어나게 되면 당뇨는 자연스럽게 완치되게 된다. 왜 3개월이냐고 묻는 분들이 계신다. 그것은 기본적으로 인체를 이루고 있는 세포들이 바뀌고 세포가 모인 조직이 바뀌고 조직이 모인 장기가 변하는 데는 최소한 3~6개월의 시간이 기본적으로 소요되기 때문이다.

셋째는 당뇨가 발생한지 1년 이상으로 아직 합병증이 없는 사람은 늘 조심해야한다. 왜냐하면 당뇨약을 통해서 당이 조절되고 있다고 해도 당은 적혈구내의 헤모글로빈에 붙어서 당화혈색소[10]의 수치를 올라가기 때문이다.

당화혈색소 수치가 올라가면 적혈구가 다른 적혈구와 붙어서 연전 현상이 발병할 가능성이 높아지고 발초혈관에 이렇게 달라붙은 적혈구가 많으면 말초세포에 산소와 영양소를 공급받지 못하게 되고 결국 세포와 조직을 괴사시켜서 특히 족부 괴사나 망막손상, 신장의 사구체손상을 야기 시켜 영구장애를 낳게 된다.

따라서 이 시기의 사람들은 당뇨관리를 위하여 당뇨수치 뿐만 아니라 당화혈색소의 수치도 3개월에 1회 정도 정기적으로 관리를 해야 한다.

이러한 시기에 씨놀의 섭취는 6개월간은 집중적으로 섭취하여 당화혈색소의 수치가 더 이상 높아지지 않도록 관리해야 한다.

그런데 씨놀과 같은 고농도의 폴리페놀을 섭취할 경우에는 일시적으로 당수치가 급격히 상승하는 현상이 왕왕 발생하게 된다.

이러한 현상은 헤모글로빈에 붙어 있던 당이 떨어지거나 세포외액에 모여 있던 당들이 혈관 쪽으로 일시적으로 이동하면서 올라가는 현상들이다. 이러한 경우에는 체내에 누적되었던 총 당량은 감소했지만 혈관 속에는 일시적으로 당수치가 올라갈 수 있다.

이러한 경우에는 당수치가 올라갔을 때 환자들이 겪는 현상과는 매우 다른 느낌을 가지게 되는데 이때 당수치가 높다고 제품

10) 당화혈색소(Hb A1c, 糖化血色素)란 용어 자체가 '당과 결합한 혈액 내의 색소'를 뜻한다. 혈액 내에는 인체의 각 장기로 산소를 운반해주는 적혈구라는 세포가 있다. 이 적혈구 내에 실제로 산소와 결합하여 운반해주는 헤모글로빈이라는 물질이 있다. 이 헤모글로빈이이 일정시간 동안 포도당에 노출이 되면 포도당과 결합하게 된다. 이 포도당과 결합한 헤모글로빈을 당화혈색소라고 한다.

섭취를 중단하면 질병의 치유를 할 수가 없고 원래의 상태로 돌아가게 된다. 따라서 식이조절과 운동 그리고 씨놀제품을 꾸준히 섭취하면 위의 첫째와 둘째처럼 당뇨를 완치시킬 수도 있다.

구분	정상	공복혈당장애	내당능장애	당뇨판정
공복 혈당수치	70~110㎎/dl	110~125㎎/dl	110~125㎎/dl	126㎎/dl 이상
식후 2시간 혈당수치	70~140㎎/dl	70~140㎎/dl	140~200㎎/dl	200㎎/dl 이상
당화혈색소 수치	4.0~5.7%	5.8~6.4%	5.8~6.4%	6.5% 이상

당화혈색소(%)	관리 상태	평균혈당(mg/dL)
13	합병증의 위험 높음	330
12		300
11		270
10		240
9		210
8	합병증의 위험 낮음	180
7		150
6	정 상 범 위	120
5		90
4		60

넷째는 당뇨가 발생한지 1년 이상으로 합병증이 없으나 상처가 잘 아물지 않는 사람으로 이러한 경우는 이미 말초혈관이 많이 손상되고 있는 경우로 언제든지 심각한 합병증이 발병할 가능성이 높은 상태이다.

이러한 경우는 적극적으로 식이요법과 약물치료, 운동요법을 병행해가면서 씨놀을 섭취해야 한다. 이 시기를 방치하면 시력저하나 콩팥이상, 족부괴사 등의 합병증이 순식간에 발생할 수가 있으므로 최대한 적극적으로 치료해야 한다. 이때부터 씨놀제품을 사용시에는 함량이 높은 제품을 사용해서 6개월 이상을 관리하기를 권장한다.

다섯째는 당뇨가 발병한지 1년 이상으로 눈이나, 콩팥, 족부 등에 합병증이 이미 시작한 사람의 경우로 이 경우에는 장애의 후유증이 남을 수 있는 가능성이 매우 높은 단계이다.

이때의 관리 지표는 당뇨수치보다는 당화혈색소의 관리가 매우 중요하며 적극적으로 식이요법, 운동요법, 약물요법과 병행하여 씨놀과 함께 필수영양소들을 섭취해서 진행을 막고 혈관과 혈액을 복원해야 한다. 아무리 합병증이 심해도 막힌 혈관이 열리고 탄력성이 복원되면 괴사된 부위도 살아난다. 여기에서 혈관의 복원과 혈액을 건강하게 하는데 씨놀의 항염증 작용과 항산화기능, 그리고 말초혈관 확장력이 가장 강력한 파워를 발휘하게 된다.

당뇨 1000만명 시대를 바라보는 요즘 환자들은 여기저기 당뇨에 좋다는 건강식품과 요법, 그리고 식품들이 홍수처럼 쏟아져 나와서 처음 환자들은 혹하는 마음에서 한 두 제품을 사용해 보다가 당 조절이 제대로 되지 않는 경우에는 속았다는 생각으로 다른 정보들은 아예 귀를 닫아버리는 경우가 많다.

이것은 본인 스스로 당뇨에 대한 지식이 부족해서 오는 현상들이다. 당뇨병과 그 합병증의 특성을 잘 파악하고 제품이 가지고 있는 특성을 잘 고려하여 자신에게 잘 맞춰서 사용하면 구매한 가격 이상으로 큰 효과를 볼 수 있는 것들도 많다.

대표적으로 현미나 귀리 등의 섬유질이 많은 식품들은 섬유질이 식사 시 들어오는 밥이 소화되어 포도당으로 분해되어 흡수되는 속도를 늦추기 때문에 당뇨환자에게는 매우 유리하게 작용한다. 그리고 천연 인슐린으로 알려져 있는 돼지감자 속의 이눌린은 일반 감자보다 75배 이상이 함유되어 있다. 이눌린은 사실 인슐린과는 전혀 관계가 없다.

이눌린은 소화 흡수되지 않는 다당체로써 포도당의 흡수를 좀 지연시킬 뿐이고 이로 인하여 고 칼로리의 다량 섭취로 인한 중성지방과 비만, 변비 등의 예방에는 도움이 되지만 돼지감자가 인슐린을 대신한다는 말은 잘못된 말이다.

돼지감자 역시 섬유질처럼 예방에 도움이 된다고 할 수 있다. 여주(쓴오이)도 당뇨에 좋은 식품으로 알려져 있다. 여주의 성분 중 카란틴charantin은 췌장의 기능을 활성화시켜 인슐린 분비를 촉진하여 혈당치를 내리는 효과가 있는 것으로 알려져 있다.

그리고 포도당 연소를 돕고, 당분 재흡수를 막는다. 그러나 이미 합병증이 진행되거나 오래된 당뇨환자의 경우는 씨놀과 같은 치유성분이 농축된 뉴트라슈티컬[11]적인 영양치료의 병행이 매우 중요하다.

2) 비만과 체중관리

전 세계의 비만인구는 급속도로 증가하고 있고 비만은 그 자체로도 이미 질병임을 선언하고 있다. 어떤 여성들은 평생 다이어트를 하면서 살고 있으며 비만은 이제 미용적인 측면보다는 대사증후군이나 암과 같은 질병에 잘 노출 될 수 있다는 잇따른 연구들로 인하여 예방적인 측면과 질병의 치료적인 측면에서 반드시 치료해야 하는 질병이다.

그런 이유로 비만에 대한 현대인의 관심은 놀라운 속도로 높아지고 있고 다이어트시장은 자동차 시장의 26배에 육박한다고 전문가들은 말한다.

인류가 배고픔에 시달리던 과거 100년 전 이전의 시대에서는 상상도 하지 못했던 일들이 현대인의 삶에 위협으로 다가오

11) 뉴트라슈티컬(nutraceutical)은 음식과 약물의 중간적인 상태로 식품속의 기능성 물질을 농축하여 세포의 기능을 복원하는데 사용된다.

고 있다.

생명공학과 영양과학의 발달로 인체 내의 에너지 대사에 대한 메커니즘이 밝혀짐에 따라서 인류는 음식속의 에너지를 발생시키는 탄수화물(4kcal/g)과 지방(9kcal/g), 단백질(4kcal/g)이 인체 내에서 몇 칼로리의 에너지를 발생시키는지를 알게 되었다.

몸에서는 생명유지에 사용하는 기초적인 에너지(기초대사량)와 활동에너지를 빼고 남는 에너지는 모두 지방으로 저장하게 된다. 결국 우리가 현재 비만으로 고생하는 이유는 자신이 소비하는 에너지보다 먹는 칼로리가 너무 많다는 것이 문제가 되는 것이다. 따라서 다이어트의 원리는 매우 단순하고 간단하다고 할 수 있다.

즉 본인이 비만상태에 있는지를 평가하는 기준은 체지방율과 BMI, 복부와 엉덩이둘레의 비율, 허리둘레 등의 기준으로 알 수 있는데 이중 체지방율과 허리둘레에 의한 비만관리가 가장 권장된다.

비고	체지방율(%)		BMI(kg/cm2)		허리둘레		허리/둔부비	
	남자	여자	남자	여자	남자	여자	남자	여자
정상	~20	~25	18.5~23					
경계	21~25	26~30	23~24.9					
비만	25~	30~	25~		〉90cm	〉80cm	〉1	〉0.8

〈한국 질병관리본부〉

체지방율은 체중에 대한 체지방의 비율을 말하며, 체지방량은 몸속에 있는 지방의 양을 말한다. 체지방은 내장지방과 피하지방으로 나눌 수 있는데, 개인차가 크며 식이 및 운동량에 따라 달라진다. 체지방이나 내장지방이 많으면 당뇨병, 고혈압, 고지혈증 등의 심혈관계질환에 걸릴 위험이 증가한다.

보통 남자의 체지방률은 15~20%이고, 여성의 체지방률은 20~25%정도이다. 따라서 비만은 지방에 관련된 내용이고 비만의 가장 기본적인 원리는 칼로리 즉 에너지의 불균형이다.

먹는 칼로리에 비하여 소비하는 칼로리가 적으면 잉여의 칼로리는 우리의 몸에서 지방이라는 형태로 저장한다. 특히 우리 몸에 저장된 지방은 주로 중성지장의 형태로 저장되었다가 에너지 섭취가 부족하면 지방을 분해해서 다시 에너지를 얻게 되는데 결국은 탄수화물을 통해서 들어오는 포도당이나 지방이 분해되어서 얻어지는 에너지는 결국 같은 것이다.

지방은 기본적으로 지방분해, 지방연소의 2과정을 통해서 체내에서 체지방량이 감소되는데 지방의 분해는 지방세포인 중성지방의 형태가 글리세롤과 지방산으로 분해되는 과정이고 지방의 연소는 이러한 글리세롤이나 지방산들이 몸 안의 생화학적인 변환을 통해서 에너지의 저장 형태인 ATP를 생산하기 위한 전자를 만들기 위하여 사용된다.

이렇게 생화학적인 형태로 변환되어 에너지 저장 형태로 변환되어야 지방이 연소되었다고 할 수 있다.

이러한 2가지 과정이 정상적으로 이루어져야 체지방량이 감소하여 체지방율이 떨어지게 된다. 단순히 중성지방이 유리지방산이나 글리세롤로 분해된 상태로는 전체적인 체지방량이 감소된 상태가 아니므로 아직은 지방의 전체 에너지양이 그래도 몸안에 남아 있기 때문에 감량으로 이어지지는 않는다.

유리지방산은 주로 근육이나 우리 몸의 각 장기에 전달돼 세포내의 미토콘드리아에서 에너지원으로 쓰이게 된다. 우리들이 운동할 때 포도당의 저장형태인 글리코겐이 모두 분해되어 사용되고 나면 바로 지방을 분해하여 에너지원으로 사용하므로 유산소운동을 약 40분이상 해야만 지방을 분해하여 에너지원으로 사용하므로 운동은 40분 이상을 해야 체지방량의 감소를 이루어 낼 수 있다.

지방산은 분해될 때 약 40% 가량은 간세포로 이동하고 케톤체까지 분해되어 혈액 내에 방출이 된다. 생체 내에서 지방의 분해와 연소가 잘되어 이용율이 높아질 때는 혈액에 케톤체가 증가하는데 케톤체 중 아세토아세테이틱산acetoacetic acid이 소변에서 다량 검출된다.

혈액내에 케톤체가 많아지면 혈액은 산성화상태로 변하고 이를 막기 위해서 부갑상선의 파라트 호르몬은 뼈에서 칼슘을 다량 용출시켜서 혈액의 PH를 정상으로 맞춘다.

그러나 지속적으로 지방의 분해가 이루어지면 혈액의 PH 밸런스가 깨진 상태가 지속되고 최종적으로는 면역력저하로 이어질 수 있다.

우리 몸에서 지방산이 가장 많이 연소되는 곳은 바로 근육이므로 근력 운동을 통해서 미토콘드리아의 숫자를 늘리고 유산소운동을 통해 산소 이용율을 높이면 지방은 쉽게 분해되고 연소된다. 이러한 과정이 운동이나 절식을 통해서 서서히 진행되어야 하나 급작스러운 단식으로 포도당의 공급이 줄어들면 지방과 근육의 단백질을 분해하여 에너지원으로 사용하기 때문에 근육의 손실과 케톤체의 증가로 산성화가 진행되어 몸의 건강을 해칠 수 있다.

따라서 체중감량보다는 체지방량이나 체지방율의 감소를 다이어트의 지표로 삼아야하며 체지방량의 부피 감소는 허리둘레 등으로 확인할 수 있다. 따라서 체중감량을 목표로 하는 다이어트는 절대로 행해서는 안된다.

체중은 근육이 녹아내려 수분의 양이 줄어들 때 체중이 가장 빠르게 줄어들기 때문에 단식을 하면 빠른 시간 내에 체중이 줄어드는 것으로 보이지만 결국은 기초대사량을 떨어트려 몸에서 에너지를 자동적으로 연소시키는 연소능력이 떨어져서 칼로리가 조금만 많은 음식을 섭취해도 지방으로 그대로 축적되는 경향이 있다.

이런 현상을 요요현상이라고 부르는데 가장 최고의 다이어트는 뇌가 생존의 위협을 느끼는 무리한 단식이나 편식 원 푸드식은 절대로 피해야 한다.

평생 할 수 없는 다이어트는 단기간의 효과로 끝나고 만다. 에너지 섭취를 줄이고 운동량을 늘리는 것은 가장 다이어트의 원칙이지만 대부분의 사람들은 식욕억제가 안되어 에너지 섭취조절이 안되거나 운동량의 부족으로 에너지소비가 부족하기 때문에 비만해지고 있는 현실이다. 그리고 어떤 사람들은 나는 물만 먹어도 살이 찐다는 분들이 있는데 그것은 일종의 부종이다.

부종과 비만은 근본적으로 다른 현상이므로 흔히 수박을 먹고 다이어트가 되었다고 말하는 사람들이 있는데 이러한 현상은 수박의 이뇨를 촉진시키는 물질이 소변으로 수분을 방출시켜서 부종을 해결하면서 몸이 슬림해지는 현상이다.

비만을 위한 다이어트를 위해서는 우선 자신의 신체 특성과 성향을 잘 분석해야한다. 비만이란 체중이 많이 나가는 상태가 아닌 체지방이 많은 상태라는 것을 유념해야한다.

즉 체중을 줄이는 것이 아니라 신체내의 체지방량을 줄이는 것임을 명심해야한다.

다이어트를 위해서는 먼저 자신의 기초대사량과 활동성을 상중하로 평가해보는 게 좋다. 기초대사량은 24시간 휴식기에 에너지를 자체적으로 소비하는 양이며 주로 근육량과 비례한다.

활동량은 운동선수, 하루종일 발로 걸어 다니는 사람, 앉아서 근무하는 사람 등에 따라서 생활 속에서 기본적으로 소비하는 칼로리 양이 달라진다.

임상영양학에서는 자신의 소비 에너지보다 적게 식단을 구성하고 활동량을 늘리는 방법으로 다이어트 프로그램을 구성한다. 먹는 식단의 칼로리를 줄이고 기초대사량을 올리는 근력운동과 활동을 통한 소비에너지를 높이는 것이 다이어트의 가장 좋은 대안이다.

식단조절, 근력향상, 활동량증가 이 세 가지 중 한 가지라도 누락되는 경우에는 몸은 자연스럽지 않고 늘 요요현상을 경험하게 한다. 따라서 한 가지 음식만 먹고 근력 운동 없이 하는 다이어트는 몸에 무리를 주고 정상적인 식사로 돌아왔을 때는 오히려 근육 양이 줄어들어 살이 잘 찌는 체질로 변하게 된다.

이러한 원칙은 다이어트에서 가장 중요한 원칙이나 간혹 같은 양의 에너지를 섭취하더라도 에너지를 소비하지 않고 저장을 해버리는 체질을 가지고 있는 경우가 있다.

이런 사람은 어머니 뱃속에서부터 영양결핍상태에 있어서 뇌의 프로그램이 우선 저장부터 하고 소비하는 쪽으로 발달되었기 때문이다. 그리고 후천적인 경우에는 지나친 금식이나 저열량 다이어트를 반복적으로 실시하여 뇌가 불안정한 상태에 놓이게 되어 에너지의 소비보다는 저장을 우선적으로 진행하는 사람들이다. 따라서 다이어트은 뇌와의 게임에서 뇌를 불안하게하면 다이어트를 하면서 역작용이 발생시켜 건강을 망치게 된다.

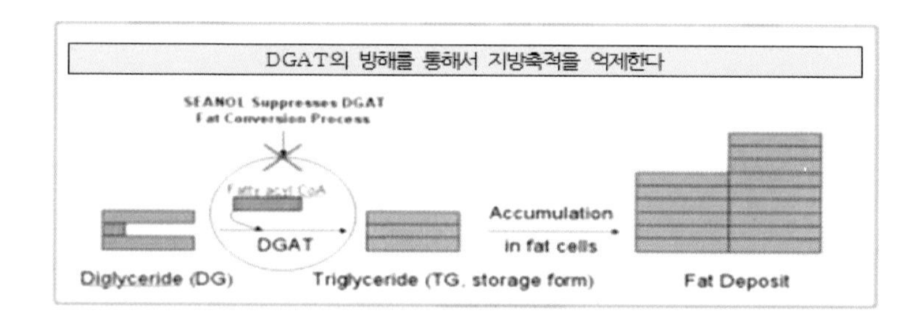

씨놀과 지방세포의 기전에 관한 연구에서는 씨놀 성분이 잉여의 에너지를 지방으로 저장시키는 효소(DGAT 엔자임)의 작용을 억제시키는 것으로 나타났다[12]. DGAT 효소는 지방합성을 촉진하는 효소로 씨놀 섭취시 최대 30~70%까지 떨어트린다. DGAT 효소가 없는 쥐는 고열량식사를 해도 비만해지지 않는다는 것도 밝혀졌다[13].

일본에서는 씨놀이 심혈관질환과 비만의 치료에 도움이 되는가를 실험하기 위하여 2그룹으로 나누어서 실험하였는데 첫 번째 그룹은 비만인 42명을 대상으로 씨놀 음료를 빠르게 뛰는 운동 1시간 전에 먹인 그룹 22명과 대조군 20명을 대상으로 8주 동안 실험하였다. 그 결과 8주 후에는 씨놀 그룹이 씨놀을 섭취하지 않은 그룹보다 체중은 4.3% 체지방량은 9.8% 줄었다는 것을 밝혀냈다. 두 번째 그룹은 비만인 141명을 대상으로 하루 종일 아무 때나 씨놀음료를 섭취시킨 후 2주후의 결과를 측정하였는데 2주 후의 결과는 체지방량이 -7% 정도 유의적으로 감소되었다고 발표했다.

다음의 그림과 표는 당뇨병 쥐에게 설탕, 물, 씨놀을 10주간 주었을 때의 근육 내 지방량, 지방조직의 크기와 체중 변화를 기록한 그래프이다(설탕과 씨놀은 모두 0.02%농도에서 자유섭취, 1일 약 1mg 정도). 그림 A를 보면 설탕(왼쪽)과 씨놀(오른쪽)을 준 경우를 비교했을 때 근육 내 지방 축적량의 현격한 차이를 알 수 있다.

비만에 의해 근육 내 지방이 축적되면, 인슐린이 분비되어도 근육이 혈당을 흡수하지 못하게 되고, 혈당조절이 어렵게 되어

12) SEANOL-Obesity/DGAT Research Notes, HC Shin, Ph.D, LiveChem Inc., Seoul, Korea, 2005

13) Effect of a seaweed extract(Seanol) Drink on obesity Kwon S, Lee S, Mirae Medical Foundation, Seoul, Korea; Lee BH, Shin HC, Laboratories on Aging and Degenerative Diseases,Hanbat National University, Taejeon, Korea

당뇨병을 일으키는 원인이 되는데, 씨놀 섭취가 이러한 원인을 효과적으로 제거하는 것을 알 수 있다. 남아도는 영양분은 결국 지방 세포에 축적되는데, 지방 세포가 팽창하게 되면 염증신호를 각 조직에 보내게 되어 당뇨병의 원인을 제공한다.

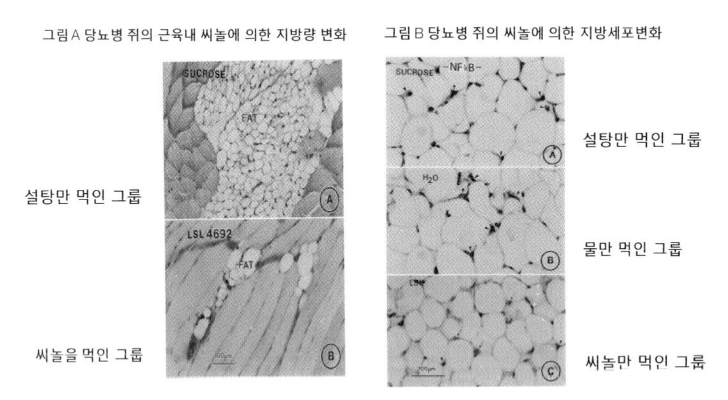

출처 : Dr. Emil Y. Chi, Department of Pathology, University of Washington

그림 B를 보면 설탕을 섭취한 경우(왼쪽), 지방세포가 크게 부풀어 있고, 염증인자인 NF-kB(하얀 지방 틈새에 갈색으로 염색된 부분)가 진하게 나타나는 것을 볼 수 있는 반면, 씨놀을 섭취한 경우(오른쪽), 지방세포의 크기가 현격히 줄어들어 있고, NF-kB도 거의 눈에 띄지 않는 것을 알 수 있다.

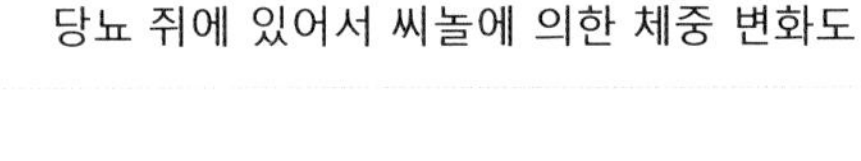

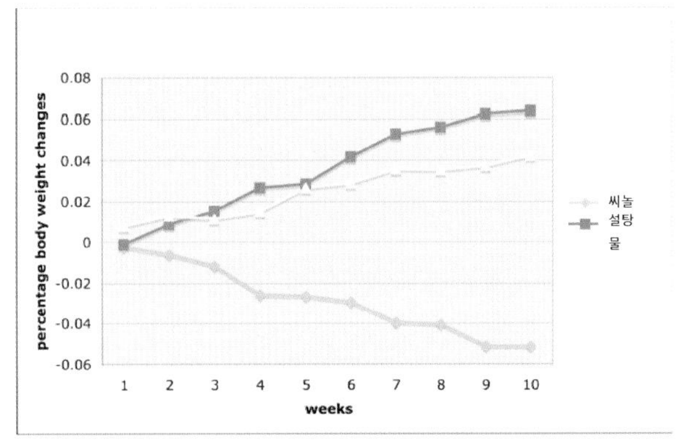

앞 페이지의 그래프를 보면 10주 동안 설탕을 준 당뇨 쥐에서는 체중이 6% 이상, 물을 섭취한 당뇨 쥐에서는 체중이 4%나 증가했는데 씨놀을 섭취한 당뇨 쥐에서는 6% 가깝게 체중이 감소한 것을 알 수 있다.

위의 결과를 보면 씨놀은 운동을 하지 않아도 운동한 효과와 같이 지방을 잘 분해하여 열에너지로 전환시키는 작용을 하는 것으로 보인다.

필자의 경우에도 강의를 하거나 지칠 때는 씨놀을 다량으로 섭취하는데 그때마다 몸에서 열이 나고 에너지가 충전되는 것을 느낄 수 있었다. 그리고 씨놀을 섭취한 많은 분들이 씨놀 섭취 후에 운동을 하면 몸에 땀이 많이 나고 몸의 지방이 안전하게 잘 분해되는 느낌이 든다고 말하는 것을 종종 듣는다. 따라서 씨놀은 적은 운동으로도 저장된 지방을 분해하여 안전하게 에너지로 활용하는데 효과적으로 보이며 또 과도한 에너지 섭취로 지방합성을 촉진하는 효소를 억제시키므로써 비만의 위험요소를 줄일 수 있다고 본다.

3) 섬유근육통Fibromyalgia

섬유근육통은 전신의 근육과 골격계의 힘줄 및 인대근막, 근육, 지방조직 등 연부조직에서 통증이나 뻣뻣함, 피로감, 감각 이상, 수면 장애 등의 증상이 만성적으로 일어나는 것으로 신체 곳곳을 누르면 여기저기 아픈 부분이 나타나는 통증 증후군이다.

섬유근육통 환자들의 대표적인 증상은 정상인들이 통증으로 느끼지 않는 자극의 정도를 통증으로 느끼게 되는데 근육이나 인대, 힘줄 등에서 객관적인 이상은 발견되지 않지만 몸이 통증과 상관이 없는 자극에 대해서 부적절하게 반응한다. 그리고 불안장애, 우울증, 건강 염려증 등이 동반되어 나타나며 환자의 약 30%가 정신과적인 질환 증상을 보인다.

원인은 아직 정확하게 밝혀지지 않았지만 통증에 대한 지각 이상 때문으로 생각되며. 환자들의 중추신경계에서 세로토닌의 대사가 감소되어 있고 성장호르몬의 분비도 감소되어 있으며 스트레스에 대한 부신피질호르몬의 분비 반응 감소, 뇌척수액에서 P 물질(substance P, 통증 유발 물질)의 증가, 자율신경계의 기능 부전 등의 이상이 있다는 것이 밝혀져 있다.

씨놀을 섬유근육통이 있는 환자의 복합증상(통증, 피로, 수면장애)에 대하여 투여한 결과 이러한 복합적인 증상이 경감되었고 또 다른 일화적인 연구에서는 세로토닌과 HGH(성장호르본)의 생산이 씨놀에 의해서 증가되었다고 보고하였다. 그리고 씨놀이 통증의 민감도를 증폭시키는 통각수용nociception을 경감시키는 물질PSubstance-P를 낮게 조절하는데 기여한다는 가설이 되기도 하였다. 그리고 36명을 대상으로 한 시험적 섬유근육통 임상연구에서는 씨놀을 투여한 후 에너지는 71%, 수면의 질은 56%, 수면의 질은 80%, 수면에 드는 시간은 45분 빨라졌고, 통증은 30% 감소되었다는 연구결과가 나왔다[14].

14) Fibronol Phase 1-a Clinical Study Abstract, Craig Palmer PhD, Fibronol LLC, November 2005, unpublished study

4 뇌세포 재생과 뇌기능 향상에 도전하는 “씨놀”

1) 치매, 파킨슨, 중풍 등의 퇴행성 뇌질환

필자가 처음 씨놀에 대하여 깊은 관심을 가지게 된 것은 2012년 6월 29일 인천 송도의 뉴욕주립대에서 열린 씨놀세미나의 내용 때문이었는데 그때의 세미나 내용을 언론에서는 아래와 같은 내용으로 다루고 있었다.

중추신경계 의학의 새로운 패러다임
New Paradigm in CNS Medicine

- 한국뉴욕주립대 · 미래CNS센터 공동주최, 심포지엄
- A Symposium co - hosted by SUNY Korea & Mirae CNS Center

그동안 불치의 병으로 알려졌던 치매를 극복할 수 있다는 연구 결과가 발표됐다.

'(주)보타메디'의 원천기술을 활용해 개발된 치매 신약 물질(해양 천연물에서 추출)에 대한 이 같은 연구 결과는 지난 6월 29일 인천 송도의 한국뉴욕주립대 캠퍼스에서 '한국뉴욕주립대학교'와 '미래 CNS센터'가 공동 주최한 심포지엄에서 공개됐다.

미래CNS센터 원장을 맡고 있는 한인권 박사는 "미국 등지에서는 치매의 치료를 포기하고 백신으로 방향을 선회한 상태이지만, 바로 대한민국에서 새로운 패러다임의 치료법이 시작되고 있다"면서 "미국의 공동 연구진들은 이번에 발표된 신물질이 아스피린 이후 최고의 신약이라고 극찬하고 있다"고 밝혔다.

또 "미국 FDA로부터 국내 최초로 NDI 인정을 받은 씨놀이 부작용 없이 안전하게 만성 염증을 제어하는 새로운 의학시대가 열리게 될 것"이라고 포부를 밝혔다.

이날 심포지엄의 또 다른 발표자였던 가톨릭의대 전희경 교수는 "부작용

없이 염증을 안전하게 제거함으로써 암, 심혈관질환 당뇨 등의 난치성 만성병까지 치료 영역을 넓혀 볼 수 있다"고 밝혀 신약 물질의 또 다른 가능성을 엿보게 했으며, 경희대 약대도 "기존의 항암제에 이번에 발표된 신물질을 병행했을 경우에 보다 효과적이고 안전한 항암 치료가 가능하다"고 밝혀 관심을 끌었다.

한편, 한밭대 이봉호 교수는 "치매환자의 뇌조직에 존재하는 악성요인인 아밀로이드 플라그를 제거하는 동시에 신경전달물질인 아세틸콜린을 증가시키며, 뇌세포를 보호하는 효과를 이 신물질이 가졌다"면서 "현존하는 약 중에 이만한 치료제가 없다"고 주장했다.

더불어 서울대 의대 이윤상 교수는 "치매치료 약물이 효과를 발휘하려면 뇌혈관장벽을 통과해야 하는데 이번에 발표된 신기술은 매우 신속히 뇌에 전달될 뿐 아니라 두뇌 전역에 걸쳐 존재한다"면서 "완전히 새로운 패러다임의 약물이 될 가능성을 잘 보여주고 있다"고 말했으며, 건양대 의대 한승연 교수는 "뇌졸중 및 알츠하이머 모델에 적용한 결과 거의 정상 수준에 가까운 뇌세포 보호효과가 나타났다"고 보고했다.

이날 열린 심포지엄에는 이현구 대통령 과학기술특보, 오명 전 부총리, 김덕룡 전 대통령 국민통합특보, 서정욱 전 과학기술부 장관, 송영길 인천시장, 김춘호 한국뉴욕주립대학교 총장, 변재진 전 보건복지부 장관, 등을 비롯한 250여 의료 제약업계 인사들이 참석하여 치매 치료 신물질과 신기술에 뜨거운 관심을 나타냈다.

국내 연구진이 미역과 닮은 해조류인 감태 추출물로 치매 치료에 도움이 되는 물질을 개발했다. 연구팀은 현재 건강기능식품으로 개발된 이 물질을 치매 치료제나 치매 예방백신으로 만들어내겠다는 계획이다.

국내 바이오업체인 보타메디는 감태와 한방약초 대황 등 14종의 엑클로탄닌 성분으로 만든 '씨놀'을 개발했다고 2일 밝혔다. 씨놀의 주성분은 국내에 자생하는 갈조류에서 얻는데, 치매의 원인이 되는 베타아밀로이드 생성을 억제하는 역할을 하는 것으로 알려졌다.

이 물질의 임상시험을 주도한 미래의료재단 신현철 박사는 "갈조류에만 존재하는 해양성 폴리페놀인 '엑클로탄닌' 성분이 인지기능을 개선하고, 부작용 없이 신경 퇴행 과정을 억제해 치매 증상을 개선하는 것으로 나타났다"고 말했다.

미래의료재단의 미래CNS센터가 16개월간 미국과 한국 중국 등에서 118명의 치매 환자를 대상으로 한 임상시험 결과 85%의 환자에서 인지기능이 개선됐다는 설명이다. 치매 단계는 단어를 기억하는 능력, 집중력, 계산능력 등을 평가해 정상, 경증 인지장애, 중등도 인지장애, 심한 인지장애의 네 단계로 나눈다. 센터 측에 따르면 임상 결과 중등도 인지장애 환자들의 인지, 환각, 환상, 감정 등의 기능이 경증 인지장애 수준으로 한 단계 나아졌다.

신 박사는 "이제까지의 치매 치료가 공격적으로 한 가지 타깃만 억제하는 형태였다면 이 물질은 동양의학을 접목해 세포의 미세환경을 전반적으로 개선하는 것이 목적"이라고 설명했다.

씨놀은 2010년 미국 식품의약품안전청FDA에서 식품용 기능성신물질 NDI로 인증 받았다. 국내 개발된 소재로는 처음이며, 현재는 미국에서 건강기능식품으로 시판되고 있다. 물질 자체의 효능은 검증됐으나 치료제 개발은 갓 시작하는 단계다.

신 박사는 "지난 5월 FDA와 임상신청 전 의견을 조율하는 미팅pre-IND을 진행했다"며 "미국 측 파트너사를 통해 임상을 신청할 것"이라고 말했다.

- 국민일보 2012 .7.16 기사.-

65세 이상 한국 노인의 치매 유병률 및 치매 환자수 추이

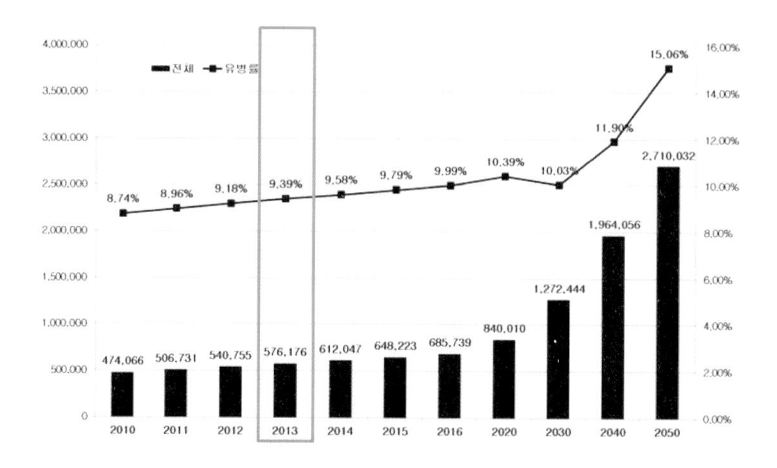

* 자료원: '2012년 치매 유병율 조사'(2013, 보건복지부)

퇴행성 뇌질환 치매dementia와 씨놀

2012년 보건복지부 65세 이상 치매 유병율 조사에 의하면 치매환자 수는 매년 증가 추세에 있으며 2040년도에 이르면 200만 명에 이를 것으로 추정하고 있다.

과거에는 노망이라는 말로 불리던 치매는 수명이 늘어나면서 치매를 경험하게 되는 사람들의 숫자도 크게 증가하고 있으며 다른 질병과는 달리 본인의 삶은 물론이고 다른 가족들의 삶을 불행으로 인도하는 무섭고 안타까운 질병이다.

가끔 매스컴에서 부인의 치매를 간호하다가 너무 힘들고 희망이 없자 부인도 죽이고 자신도 자살해 버리거나, 치매 환자를 죽이는 근친 살해 현장도 보고된다. 이러한 현실이 소개될 때마다 우리들의 가슴은 무어라 형언하기 힘든 불안감과 공포감, 그리고 안타까운 마음을 어찌하기가 어렵다. 하지만 우리 사회에서 누구도 치매로부터 자유로울 수 없으며 현재까지 뚜렷한 치료제도 보고되고 있지 않은 게 현실이니 더욱 안타까운 상황으로 오로지 예방과 초기 치료만이 최선임을 알아야 한다.

치매는 흔히 혈관성 치매와 알츠하이머성 치매로 나뉜다

혈관성 치매는 뇌경색이나 여러 형태의 뇌출혈 등 뇌혈관 질환에 의해 뇌조직이 손상을 입어 치매를 발생시키는 경우이다. 혈관성 치매는 뇌의 실핏줄이라고 할 수 있는 작은 혈관들이 점진적으로 좁아지거나 막히게 되면 뇌세포가 죽거나 기능이 부전하여 갑자기 발생하거나 급격히 상태가 악화된다.

흔히 중풍을 앓고 난 후 갑자기 인지기능이 떨어지거나 사람을 잘 알아보지 못하는 등의 이상 행동은 모두 혈관성 치매일 가능성이 높다.

혈관성 치매는 처음부터 반쪽 마비, 언어 장애, 안면마비, 연하곤란, 한쪽 시력상실, 시야장애, 보행장애, 소변 실금 등 신경학적 증상을 동반하는 경우가 많다.

혈관성 치매의 대표적인 원인이 뇌혈관 질환인 만큼 뇌혈관 질환을 유발하는 모든 위험요인, 즉 고혈압, 흡연, 심근경색, 심방세동, 당뇨병, 고콜레스테롤 고지혈증 등은 모두 혈관성치매의 위험인자가 될 수 있다.

혈관성 치매는 알츠하이머성 치매와는 달리 침범 부위에 따라 그 증상이 다양하게 나타날 수 있는데 주로 나타나는 증상은 언어 능력 저하, 기억력 감퇴, 시공간 파악능력 저하, 판단력 및 일상생활능력의 저하, 인지기능저하, 무감동, 우울증, 불안증, 망상, 환각, 배회, 공격성, 자극 과민성, 이상 행동, 식이 변화, 수면 장애 등의 정신행동 이상 외에 다양한 신경학적 이상 증상이 자주 동반되며 초기 단계부터 안면 마비, 시각장애, 편측 운동마비, 편측 감각저하, 언어이상, 연하곤란, 보행장애, 사지 경직 등이 주로 나타난다. 그리고 심한 경우 폐렴, 욕창, 대소변 실금, 낙상, 요도감염 등의 합병증이 나타나기도 한다.

이러한 혈관성 치매의 병원치료는 일반적으로 혈소판 응집 억제제나 아스피린, 와파린 등의 항 혈액 응고제나 혈액 순환제를 많이 사용한다. 그리고 인지 기능저하를 위한 치료법으로는 신경전달물질인 아세틸콜린의 분해를 촉진시키는 분해효소 억제제와 세포의 사멸과 신호전달에 관여하는 NMDA 수용체 길항제[15]를 사용하여 치료한다.

알츠하이머성 치매는 가장 흔한 퇴행성 뇌질환으로 "내 머리속의 지우개"와 같은 드라마에서도 알츠하이머성 치매를 소재로 다룰 만큼 보편화되어 있는 질환이다.

이것은 1907년 독일의 정신과 의사인 알로이스 알츠하이머Alois Alzheimer 박사에 의해 최초로 보고되었는데 혈관성치매와는 달리 매우 서서히 발병하여 점진적으로 진행되는 것이 특징이다.

현미경으로 알츠하이머병 환자의 뇌 조직을 검사하면 신경섬유다발[16]과 노인반이라고 하는 아밀로이드 펩타이드가 엉켜 섬유조직 형태의 덩어리인 플라크인 신경반 등이 관찰되고, 이것이 뇌세포의 신경세포를 소실시켜 뇌를 전반적으로 위축되게 한다.

알츠하이머병의 정확한 발병 기전과 원인에 대해서는 정확히 알려져 있지는 않지만 현재 베타 아밀로이드beta-amyloid라는 작은 단백질이 과도하게 만들어져 뇌에 침착되면서 뇌 세포에 유해한 영향을 주는 것이 발병의 핵심 기전으로 알려져 있으나, 그

15) NMDA(N-메틸-D-아스파르트산) 수용체의 기능을 저해하는 물질

16) 신경계에서 동일 방향으로 주향하는 신경섬유의 집합체. 발생과정에서 신경돌기는 특정 경로를 통해 표적뉴런과 시냅스를 형성하지만, 후속인 신경돌기는 최초 신경돌기의 접촉유도에 의해 같은 과정을 답습한다. 그 결과 같은 종의 신경섬유는 기밀한 다발을 형성하게 된다. 말초신경이나 중추신경계의 신경로(神經路)는 그 예가 된다. - 생명과학대사전

외에도 뇌 세포의 골격 유지에 중요한 역할을 하는 타우 단백질 tau protein의 염증반응, 과인산화, 산화적 손상 등도 뇌 세포 손상에 기여한다.

노인반(신경반)은 베타 아밀로이드 단백질의 침착과 관련되며, 신경섬유다발은 타우 단백질과 인산화와 연관이 있다. 그리고 알츠하이머형 치매가 발생한 사람의 뇌에서 신경전달물질의 하나인 아세틸콜린이 현저하게 감소되어 있는 것이 발견되었으며, 이를 통해 아세틸콜린Acetylcholine의 감소가 치매 증상 발생에 관여하고 있는 것으로 알려져 있다.

또한 보다 근원적으로는 베타-아밀로이드와 활성산소, 만성 염증이 뇌의 신경세포를 손상시키는 것과 관계되어 있다고 알려져 있다.

전체 알츠하이머병 발병의 약 40~50%가 유전적인 요인에 의해서 발병된다고 보고되고 있는데 이 병을 앓은 사람이 직계 가족 중에 있는 경우 그렇지 않은 사람보다 발병 위험이 높아진다.

알츠하이머병 초기에는 기억력을 담당하는 뇌 부위인 해마와 내후각 뇌피질 부위에 국한되어 나타나지만 점차 전두엽, 두정엽 등을 거쳐 뇌 전체로 퍼져나가면서 최근 일에 대한 기억력 저하에서 문제를 보이다가 점점 진행되면서 언어나 판단력 등 다른 여러 인지기능의 이상을 동반하게 된다.

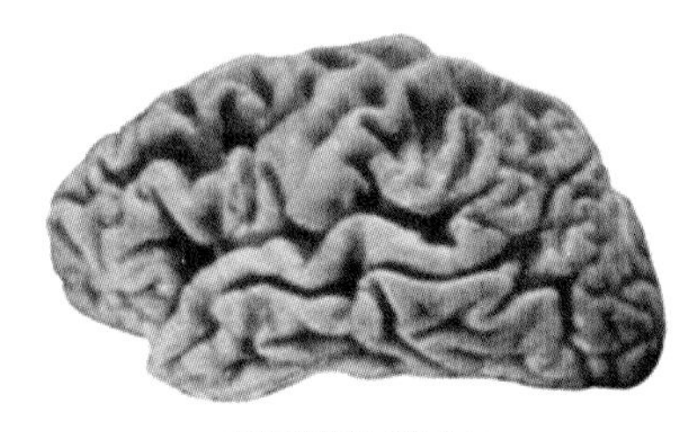

알츠하이머병 환자의 뇌

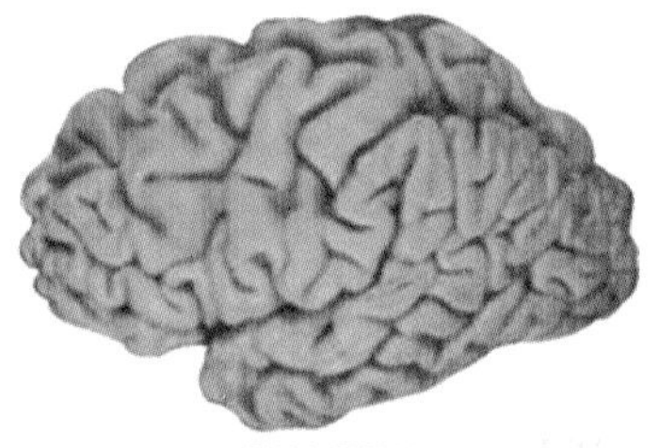

정상 노인의 뇌

알츠하이머병의 근본적인 치료방법은 아직 개발되지 않았지만 증상을 완화시키고 진행을 지연시킬 수 있는 약물이 병원에서는 사용되고 있다.

치매의 초기 경도 증상

- 오래 전에 경험했던 일은 잘 기억하나, 조금 전에 했던 일 또는 생각을 자주 잊어버린다.
- 음식을 조리하다가 불 끄는 것을 잊어버리는 경우가 빈번해진다.
- 돈이나 열쇠 등 중요한 물건을 보관한 장소를 잊어버린다.
- 물건을 사러 갔다가 어떤 물건을 사야 할지 잊어버려 되돌아오는 경우가 발생한다.
- 미리 적어 두지 않으면 중요한 약속을 잊어버린다.
- 평소 잘 알던 사람의 이름이 생각나지 않는다.
- 조금 전에 했던 말을 반복하거나 물었던 것을 되묻는다.
- 일반적인 대화에서 정확한 낱말을 구사하지 못하고 '그것', '저것'이라고 표현하거나 우물쭈물 한다.
- 관심과 의욕이 없고 매사에 귀찮아한다.
- '누가 돈을 훔쳐갔다', '부인이나 남편이 바람을 피운다'는 등의 남을 의심하는 말을 한다.
- 과거에 비해 성격이 변한 것 같다.

치매의 중기 증상

- 돈 계산이 서툴러진다.
- 전화, TV 등 가전제품을 조작하지 못한다.
- 음식 장만이나 집안 청소를 포함한 가사일 혹은 화장실이나 수도꼭지 사용 등을 서투르게 하거나 하지 않으려고 한다.

- 외출 시 다른 사람의 도움이 필요하다.
- 오늘이 며칠인지, 지금이 몇 시인지, 어느 계절인지, 자신이 어디에 있는지 등을 파악하지 못한다.
- 평소 잘 알고 지내던 사람을 혼동하기 시작하지만 대개 가족은 알아본다.
- 적당한 낱말을 구사하는 능력이 더욱 떨어져 어색한 낱말을 둘러대거나 정확하게 말하지 못한다.
- 다른 사람들이 말하는 것을 이해하지 못하여 엉뚱한 대답을 하거나 그저 '예'라는 말로 대신 하기도 하고 대답을 못하고 머뭇거리거나 화를 내기도 한다.
- 신문이나 잡지를 읽기는 하지만 내용을 전혀 파악하지 못하거나 읽지 못한다.
- 익숙한 장소임에도 불구하고 길을 잃어버리는 경우가 발생한다.
- 집안을 계속 배회하거나 반복적인 행동을 거듭한다.

치매의 말기 증상

- 식사, 옷 입기, 세수하기, 대소변 가리기 등에 대해 완전히 다른 사람의 도움을 필요로 한다.
- 대부분의 기억이 상실된다.
- 집안 식구들도 알아보지 못한다.
- 자신의 이름, 고향, 나이도 기억하지 못한다.
- 혼자서 웅얼거릴 뿐 무슨 말을 하는지 그 내용을 전혀 파악할 수 없다.
- 한 가지 단어만 계속 반복한다.
- 발음이 불분명해진다.
- 종국에는 말을 하지 않는다.

- 얼굴 표정이 사라지고 보행장애가 심해지며 근육이 더욱 굳어지는 등 파킨슨 양상이 더욱 심해진다. 간질증상이 동반될 수도 있다.
- 결국은 모든 기능을 잃게 되면서 누워서 지내게 된다.

씨놀과 치매치료의 가능성

씨놀의 치매치료의 가능성이 점점 과학적으로 입증되고 있다. 미국의 신경과학자인 닥터 미쉘칸즈Michael Ganz의 주도하에 치료 환자의 인지기능이 3개월간의 씨놀 투입 후에 변화되는 것이 118명(남자 35명 여자 83명)을 대상으로 관찰되었는데 MMSE 초기평균 값이 12.8에서 3개월 후에 22점으로 정상수준 25 수준에 85%까지 근접한 것을 증명하였다.

중앙일보
joongang.co.kr
E6 종합
"다시마 일종인 감태서 치매 치료 성분 추출"

MMSE(Mini Mental State Examination) 치매 선별용 간이 정신상태 검사
1~10 고도 치매, 10~15 중도 치매, 15~20 경도 치매, 20~25 경계, 25 ~ 30 정상

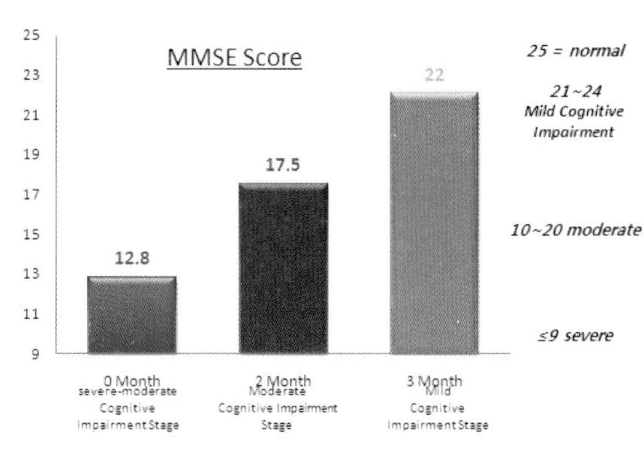

아래의 그림은 인지 저하로 인해 일상생활에서 문제를 나타냈던 17명의 60세 이상 인지증 환자(MMSE 평균 13.2)에게 8주간 동안 씨놀을 투여 했을 때 MMSE 스코어를 측정한 데이터이다.

왼쪽이 씨놀 투여전, 오른쪽이 씨놀 투여 후의 스코어이며, 투여 후는 MMSE 스코어가 평균 22,5 점으로 거의 2배 이상 상승한 것으로 확인되었다[17].

그리고 80%의 환자에게서 진행이 멈추거나 개선된 것으로 밝혀졌는데, 타인의 도움을 받아야만 일상생활이 가능했던 12명의 환자 중 11명이 도움 없이 일상생활이 가능할 정도로 향상되었고 일상생활에서 약간의 문제가 있었던 5명의 환자는 투여 후 거의 정상에 가까울 정도로 인지기능이 개선되었다.

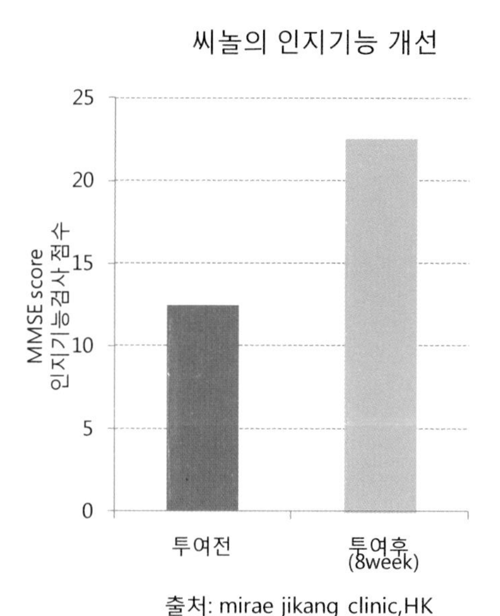

출처: mirae jikang clinic,HK

17) Summary Note for Effect of Ecklonia cava Extract in Cognitive Function as Measured by MMSE in Elderly Subjects, unpublished report, HW Lee, HC Shin, Mirae Clinic, Seoul, Korea.

아래의 그림은 MMSE 진단시 평가하는 두겹의 오각형 그리기에서 2개월 동안의 씨놀섭취 후에 그린 78세 된 여성 치매 환자의 그림이다. 이 그림을 보면 초기에는 형상을 알 수 없으나 2개월 후에는 한쪽 오각형의 형상이 뚜렷이 보이는 것을 알 수 있다.

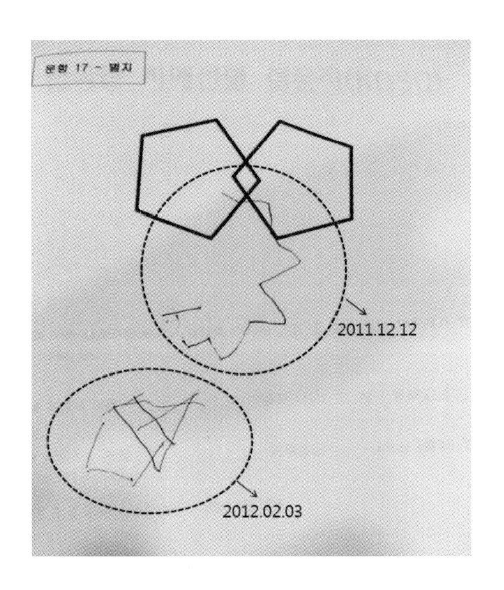

최근에 많이 사용되는 치매치료 약물과 씨놀과의 비교를 보면 1,2,3의 약물들은 신경전달물질의 전달효과는 증가시키지만 5가지의 기능 중 신경세포보호와 안전성 면, 뇌혈류 촉진 면에서 씨놀에 비하여 효과가 떨어지는 것을 알 수 있다.

	AChEI[1]	Phenserine[2] (Phase II-III)	TX-1734[3]	SEAPOLYNOL[4]
신경전달물질의 증가	O	O	O	O
β-Amyloid 독성 감소	X	O	O	O
신경세포 보호	X	X	△	O
뇌혈류 촉진	X	X	X	O
안전성	X	△	△	O

1. 아세틸콜린 가수분해효소 억제제로서, 제1세대 치매치료제
2. 제2세대 치매치료제로서 제1세대의 기능에 베타 -Amyloid 독성 감소기능 추가
3. 최근 개발되고 있는 신약후보물질로서 약간의 신경세포 보호 기능 추가
4. 씨놀, 뇌 혈류 촉진 기능과 절대적 안전성까지 겸비함

씨놀은 혈관성 치매와 알츠하이머성 치매 중 특히 혈관성 치매에 특히 도움을 주는 것으로 임상 필드 테스트 결과 확인되고 있다. 그것은 씨놀이 가지는 항산화 효과와 뇌혈류증진 효과, 콜레스테롤과 중성지방 억제효과, 항염증에 대한 강력한 작용으로 인한 것으로 생각된다.

특히 뇌까지 1~2분만에 혈액-뇌 관문BBB: Blood-Brain Barrier을 침투하는 씨-폴리페놀은 뇌혈관의 기능을 향상시키기에는 지상의 그 어떤 폴리페놀보다도 강력한 조건이라 할 수 있다.

뇌에 들어가는 좌우 경동맥의 혈류 속도는 뇌로 들어가는 혈액의 속도로 판단할 수 있다. 경동맥의 혈류속도가 빠를수록 혈류가 순조롭고 혈관의 탄력성이 높다고 볼 수 있다.

옆의 그림은 위약(플라세보)를 먹인 그룹과 동일한 성분에 씨놀을 섞어서 먹인 그룹의 섭취 전후 경동맥의 혈류속도를 측정한 것이다.

씨놀의 뇌혈류 촉진 효과

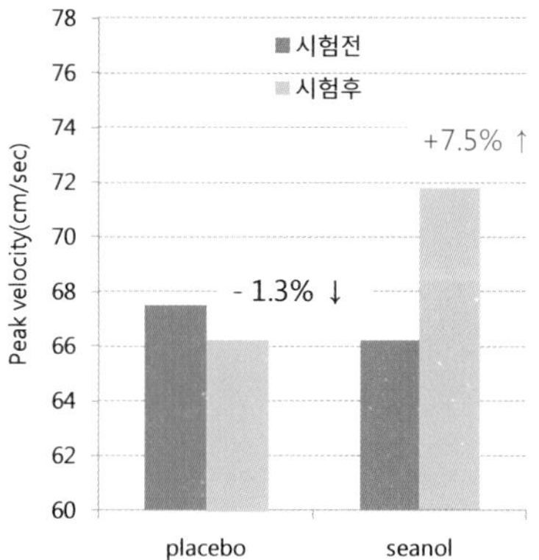

시험 결과 플라세보 투여군에서는 혈류 속도가 투여 후에 약간 느려지는데 비해 씨놀 투여군에서는 투여 후에 명백하게 빨라지고 있다. 뇌로의 혈류량이 많고 속도가 빠르다는 것은 뇌의 대사가 활발하다는 것이므로 뇌혈관성 치매가 발생하기 쉽지 않은 상태임을 나타낸다.

바꿔 말하면, 씨놀을 섭취함으로써 혈관을 유연하게 하여 뇌의 혈류 속도를 유지하고 뇌 대사를 활발하게 함으로써 혈관성 치매의 발생을 억제시킬 수 있는 것으로 분석할 수 있다.

알츠하이머형 치매에 대한 씨놀의 작용

알츠하이머성 치매의 경우 발병 원인이 정확하게 발견되지는 않았지만 베타아밀로이드라는 독성단백질의 생성과 아세틸콜린 신경전달물질의 감소현상은 명확한 것으로 보고되고 있다.

씨놀과 아세틸콜린과의 관계를 동물실험을 통해서 연구되었는데 쥐에게 물과 씨놀을 각각 7일간 투여하고 그 후 뇌내의 전두피질Cortex과 선조체Striatum[18]에서 아세틸콜린의 양을 측정했다. 옆의 그림은 물을 투여한 쥐에 비해 씨놀 성분을 투여한 쥐에서 아세틸콜린의 양이 증가한 것을 보여 주고 있으며 특히 전두피질에서는 140% 이상이나 증가가 확인되었다.

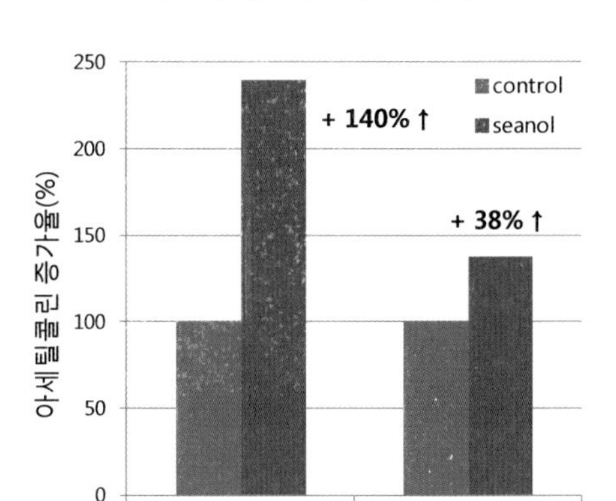

그리고 씨놀은 알츠하이머형 치매의 원인으로 생각되고 있는 베타-아밀로이드의 생성을 막거나, 그 독성으로 부터 뇌를 지킨다는 것도 알려져 있다.

한국의 한밭대학교 이봉호교수팀은 씨놀을 통한 베타아밀로이드 전구물질의 차단에 대한Beta-amyloid precursor protein, APP 연구를 진

18) 선조체는 운동기능의 조절과 의사결정에, 전두피질은 장기기억과 고차원적 사고와 관계가 있다.

행하였는데 신경독성과 베타아밀로이드의 근원인 베타아밀로이드 전구 단백질이 씨놀에 의해서 억제되었다고 밝혔다[19]. 그리고 차세대 아세틸콜린에스테라제acetylcholinesterase억제제인 PhenserineAxonyx과 유사하게 베타APP를 낮추는 효과를 가진다고 밝혔다.

뇌졸중腦卒中과 씨놀

세계보건기구WHO는 뇌졸중(중풍)을 '뇌혈관 장애로 인하여 갑자기 국소 신경학적 장애 또는 의식장애가 발생하여 24시간 이상 지속하는 경우'라고 정의하고 있다.

뇌졸중에는 2가지의 형태가 있는데 혈전이 뇌혈관을 막아서 폐쇄시키는 뇌경색과, 만성 혹은 급작스런 고혈압으로 인한 뇌혈관의 파열로 인한 뇌출혈이다.

과거에는 뇌출혈에 의한 뇌졸중의 발생율이 높았으나 근래에 와서는 뇌경색에 의한 뇌졸중 발생율이 현격히 증가하는 추세이다. 그 이유는 고혈압에 대한 사전관리의 중요성이 널리 알려지면서 많은 사람들이 고혈압에 대해서는 적극적으로 대처하고 있으나 뇌경색의 원인은 동맥경화와 혈전은 80%까지 혈관이 막혀 와도 증상을 느끼지 못하기 때문에 예방하기가 힘들기 때문이다.

즉, 예방에 대한 사전 지표가 혈액 검사상에 나타나는 혈액의 중성지방과 콜레스테롤 수치와 뇌로 가는 경동맥 검사, MRI 촬영을 통한 뇌 혈관사진을 통해서만 그 상태를 알기 때문에 병원에 자주 가지 못하는 사람이나 가기를 꺼리는 사람들의 경우에는 증상이 없는 관계로 갑작스럽게 뇌경색의 상태에 빠질 위험

19) Unpublished research findings -Down Regulation of Beta-APP by LSL4692(SEANOL), Prof. Bongho Lee(Dept. of Biotechnology, Hanbat National University, Korea); visiting scholar,National Institute of Aging, National Institute of Health, 2002.

이 매우 높은 것이다.

뇌혈관은 나이가 들어가면서 비례적으로 동맥에 스러지가 많이 끼게 되고 좁아지게 되는데 그렇기 때문에 50 이후의 노년기에 접어드는 사람들은 증상이 없어도 늘 관리를 해야만 한다. 한 번 뇌졸중에 걸리면 18%는 사망하고 9%는 완전히 회복되며 나머지 73%는 심한 장애가 남는다.

뇌졸중 관리의 2가지 핵심은 혈액의 지질상태, 즉 콜레스테롤과 중성지방 수치가 늘 정상 범위 안에 있어야 한다.

그 이유는 혈액에 지질 함유 수치가 높아지면 혈관이 지방에 침착될 가능성이 높아지고 침착된 지방은 염증을 일으켜서 더욱 동맥의 두께를 두껍게 하기 때문이다.

두 번째는 혈관세포에 상처를 내고 염증을 일으키는 활성산소를 잡는 항산화능력이 높은 상태로 유지 되어야 한다.

우리 몸의 항산화능력은 40대 이후에 급격히 떨어지기 때문에 항산화력을 높이기 위한 항산화 비타민 A, C, E와 항산화 미네랄 아연, 구리, 마그네슘, 셀레늄 등이 식사에서 부족하지 않도록 관리해야 한다. 그리고 과일이나 야채 등의 식물들이 햇빛 자외선의 활성산소를 견디기 위하여 만들어내는 화이토 케미컬 Phyto Chemical 즉 컬러 푸드의 섭취를 늘려야한다.

하지만 이미 동맥경화가 많이 진행된 사람이나 뇌졸중 상태에 있는 분들은 우리가 일반적으로 먹는 음식속의 영양소로만은 그 상태를 되돌리기가 쉽지 않다.

따라서 동맥경화의 진행과 뇌졸중의 재발을 막고 재활에 성공하기 위해서는 씨놀과 같은 강력한 천연 활성산소 억제제와 항염증 물질이 반드시 필요하게 된다.

그런데 일반음식 속에 들어 있는 화이토 케미컬(폴리페놀류)이나 비타민C와 같은 영양소들은 수용성물질들이 많아서 뇌혈류장벽인 BBB 장벽을 뚫고 뇌 신경세포까지 침투하는 데에는 한계가 있다. 반면에 씨놀에 함유되어 있는 폴리페놀 중 40% 정도가 뇌까지 침투할 수 있는 지용성 폴리페놀들로 이루어져 있어서 뇌 혈관세포의 내피탄력도와 말초혈관의 확장력을 높인다는 내용은 앞에서 이미 설명한바 있다.

특히 씨놀은 혈관의 건강과 혈액의 질을 개선시키는데 탁월한 효과가 있다는 연구결과가 있기 때문에 뇌졸중의 예방과 재활에 매우 유용한 천연산물로 생각된다.

뇌졸중이 찾아오는 데에는 경고가 없이 급작스럽게 찾아오는 경우와 몸에 잦은 경고가 나타나는 경우가 있다.

필자의 선친께서도 68세에 중풍을 맞으시고 무려 12년간이나 병상에서 투병하시다 돌아가셨다. 뇌졸중을 맞으시기 전까지 전국을 싸이클로 누비실 정도로 건강한 체력을 자랑하셨지만 아무런 무증상 상태에서 갑작스럽게 뇌의 1/4의 세포를 잃게 되어 버린 것이다.

아무 자각 증상 없이 찾아오는 중풍인 경우에는 지나치게 건강을 과신하는 경우에 많이 발생되는데, 오직 혈액검사 수치가 정상이라는 말만 믿고 혈관이 세월에 따라 점점 좁아지고 있음을 인식하지 못하기 때문이다. 그래도 초기에 몸에 미약한 증상을 알아차리고 관리하시는 분들은 나이가 들면서도 뇌졸중 없이 건강하게 살아가는 사람들도 많다.

필자가 강의를 하면서 가끔 학생들에게 질문을 던진다.

암과 중풍 중에서 한 가지만 선택하라면 어떤 병을 선택하겠느냐고 물으면 많은 학생들이 차라리 암에 걸리면 걸렸지 중풍은 걸리면 안된다는 의견이다. 그 이유는 암은 본인이 힘들면 되지만 중풍은 오랜 세월동안 가족의 희생을 요구하기 때문이다.

중풍의 관리는 자신을 위하여 관리하는 것보다는 사랑하는 가족들을 위하여 관리해야 한다.

과거에는 중풍을 집안의 유전성으로 보는 경향이 많았으나 근래에는 수명이 늘어나고 기름진 음식의 지나친 섭취로 인하여 50대 이후의 장년층에게는 누구나 찾아 올 수 있는 무서운 질병이다.

필자도 개인적으로 집안 내력도 있고 해서 늘 중풍의 관리에 힘을 쓴다. 개인적으로 나는 씨놀을 만난 것이 큰 행운이라는 생각이 든다. 만약 씨놀과 같은 강력한 활성선소 억제제 기능, 항염증 기능, 혈액의 지질상태를 개선시키는 다중적인 기능의 식품이 없다면 어쩌면 늘 불안해하면서 병원 문을 들락거렸을 것이다.

뇌혈관 관리는 가능한 빨리 시작하는 것이 좋다. 빨리하면 할수록 뇌혈관의 노화를 막을 수 있고 뇌혈관이 건강하면 뇌세포가 건강하게 활동할 수 있다는 것을 의미하기 때문이다.

현재 홍콩에서는 씨놀을 통한 중풍의 재활치료에 활용하고 있는데 아래의 사진은 76세 남성분으로 7년 전에 중풍을 맞고 재발까지 하여 휠체어에서 간신히 일어서는 정도였으나 씨놀 섭취 4개월 만에 혼자 걷고 운동하며 6개월 만에 신발과 양발을 신을 수 있을 정도까지 회복된 사례이다.

씨놀 섭취전

씨놀 섭취후 4개월

씨놀 섭취후 6개월

위의 뇌새포 복원에 관한 임상사례를 입증할 만한 동물 실험 연구 결과가 발표되었는데[20] 마우스모델에서 뇌손상을 일부러 활성산소인 H_2O_2로 유노한 뇌사신(중앙)에 비하여 씨놀을 함께 투여한 뇌사진(오른쪽)의 경우 뇌손상 부위가 현격히 줄어 있는 것을 알 수 있다. 이것은 씨놀이 뇌세포의 손상에 대한 복원력이 있음을 간접적으로 증명한 것이라고 할 수 있다.

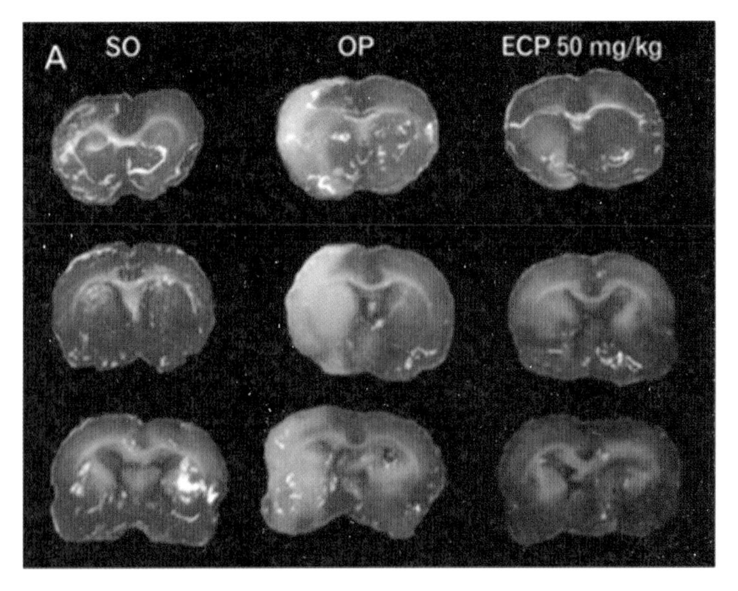

Kim JH, Lee NS, Jeong YG, Lee JH, Kim EJ, Han SY. *Anat Cell Biol*. 2012 Jun;45(2):103-13. Epub 2012 Jun 30.

SO: 뇌 손상을 유도하지 않은 정상 뇌세포
OP: 왼쪽의 하얀 부분이 뇌세포가 괴사된 부분임
ECP: 씨놀 성분을 투여한 뇌. 거의 정상적인 뇌세포 유지.

※ 씨놀이 뇌세포 복원에 상당한 효과가 있음을 보여줌.

20) Protective effi cacy of an Ecklonia cava extractused to treat transient focal ischemia of the rat brain.Jeong Hwan Kim, Nam Seob Lee, Yeong Gil Jeong, Je-Hun Lee, Eun Ji Kim, Seung Yun Han. Anat Cell Biol.2012 jun;45(2):103-13.Epub 2012.

파킨슨씨병Parkinson's disease과 씨놀

2012년 6월29일 인천 송도에서 열린 씨놀사이언스 학술 대회에서 씨놀을 통한 파킨슨씨 질병의 호전사례가 영상으로 2편 소개되었다.

한 사례는 15년동안 파킨슨씨 질병으로 고생하시는 노부인의 사례로 약 1년여 동안 씨놀을 섭취 후에 많이 호전된 사례가 소개 되었고 한 사례는 한국 체육대학내의 한의원에서 파킨슨씨 환자를 임상한 사례인데 마찬가지로 약 5개월 만에 눈에 띠게 손과 발의 떨림이 사라진 사례였다.

또 외국의 사례에서도 질병이 심하여 잘 걷지도 못하고 문지방을 잘 넘지도 못하던 환자가 씨놀 섭취 몇 달 만에 문지방을 자연스럽게 넘나들고 피아노도 치기 힘들었던 분이 피아노도 자연스럽게 칠 수 있었던 사례이다.

필자는 처음 이 영상을 보면서 매우 흥미로웠고 그 메커니즘이 매우 궁금했었다. 파킨슨씨병은 한번 발병하면 좀처럼 되돌리기가 어려운 질병이다. 왜냐하면 도파민을 생성해 내는 뇌세포가 파괴되었거나 파괴가 지속적으로 진행되기 때문이다.

이 병으로 고생한 많이 알려진 인물 중에는 세계적인 권투선수 무하마드 알리가 있다. 알리는 파킨슨씨병에 걸려 이 질병으로 인하여 말도 잘 못하고 활동이 어려운 상태라고 메스컴에서 전해진다.

미국의 경우는 10만명 당 약 20명 정도의 유병율을 보인다고 보고되고 있으며 우리나라의 경우도 10만명 당 10명 정도로 점점 그 숫자가 늘어나고 있는 추세이다. 그 이유는 수명이 늘어나면서 이 질병을 겪는 경우가 많아진 경우라고 할 수 있다.

파킨슨병의 주 증상은 떨림, 경직, 행동이 느려짐, 불안정한 자세 유지 등을 주 증상으로 하고 있으며 거의 대부분의 환자들에게서 우울증 증세가 나타난다.

이병은 뇌에서 신경전달물질인 도파민의 분비가 부족해져서 오는 만성질환으로 도파민은 뇌의 기저핵 부위에 있는 흑색질이라는 신경세포에서 생성되며, 뇌의 기저핵은 인체의 자세와 운동을 조화롭고 부드러우며 정확하게 수행할 수 있도록 해주는 부위이다.

그런데 기저핵 부위의 흑색질의 신경세포가 왜 파괴되는가에 대하여는 아직 정확한 해답이 없으나 필자의 견해로는 유전적인 경우를 제외하고는 독극물이나 스트레스 등으로 인한 과도한 활성산소와 염증으로 인하여 발생된다고 생각된다.

필자의 상담을 받는 환자들의 경우 발병 전 후의 상황을 상담해 보면 오랜 기간 정신적인 스트레스에 시달렸거나 충격적인 일을 경험한 경우에 많이 발생한 사례가 많았다. 과도한 스트레스는 활성산소를 과도하게 발생시키고 그로 인하여 염증이 심해진다. 그리고 그들의 모발 중금속 검사 데이터를 보면 중금속에 오염된 사례도 있었다.

대표적인 파킨슨병 치료법인 엘도파L-Dopa요법은 부족한 도파민을 대체하는 것인데 엘도파L-Dopa는 도파민의 전구물질이다. 도파민 자체의 약은 효과가 없다. 도파민은 뇌혈관장벽(BBB장벽)을 통과하지 못하기 때문이다. 그러나 엘도파L-Dopa는 뇌혈관장벽을 통과하기 때문에 매일 알약으로 복용하면 엘도파L-Dopa가 뇌에 들어가서 신경세포인 뉴런이 그것을 도파민으로 바꾼다.

하지만 엘도파L-Dopa는 증세를 완화시키기는 하지만 뉴런이 죽는 것을 막을 수 없고 결국엔 너무 많은 뉴런이 죽게 되면 엘도파L-Dopa로도 증세를 완화시키지 못한다. 그리고 부작용이 심한 경우가 많아 초기 때부터 사용하지는 않는다.

그렇다면 어떻게 씨놀이 파킨슨씨 질병에 도움을 줄 수 있는

지에 대한 기전을 한번 생각해보자.

첫 번째 강력한 활성산소 제거와 항염작용으로 인하여 뇌세포의 파괴를 줄일 수 있으리라 생각된다.

둘째는 뇌의 혈류가 개선되면서 뇌세포의 복원에 필요한 영양소와 산소의 운반력을 상승시킬 수 있으리라 생각된다.

셋째는 한방학적인 개념으로 씨놀은 매우 따뜻한 성질의 맑고 강한 에너지를 가지고 있어서 신장의 정精과 기氣를 보충하여 전체적인 생명력을 높일 수 있을 것으로 보인다.

씨놀이 아직 파킨슨씨 질환을 정복했다고는 말할 수 없다. 그러나 병의 진전 속도를 늦추고 환자의 삶의 질을 높이는 데에는 분명히 큰 도움이 될 것으로 보인다.

만병의 근원은 혈류장애와 염증으로 인한 세포의 변형이기 때문에 씨놀은 어느 질병에도 약처럼 작용하기보다는 질병을 자연적으로 치유할 수 있는 원천적인 생명의 힘을 제공하기 때문이다.

2) 기억력과 학습능력 향상

씨놀 사이언스 연구에서는 기억력에 관여하는 아세틸콜린 레벨을 상승시킬 수 있고 아세틸콜린에스테라제를 억제함으로써 아세틸콜린의 레벨을 높이는데 도움이 된다고 보고하고 있다. 아세틸콜린 레벨은 신경세포간의 신호를 전달하는 뇌에서는 아주 중요한 신경전달물질이며 기억력과 학습력에 깊이 관여되어 있다.

마우스 모델에서 두 가지의 씨놀 화합물을 가지고 아세틸콜린의 상승에 관한 연구를 실시하였는데 에세틸 콜린의 레벨이 대조군에 비하여 상승하였음을 증명하였다.

7일 동안 쥐의 에탄올로 인지장애를 유발시킨 쥐에게 7일 동안 씨놀 2종류**DE, PFF**의 경구 투여 후에 조사한 결과 아무 처리도 하지 않은 군에 비하여 기억력 형성과 깊은 관련이 있는 3개의 뇌영역(전두엽, 해마, 선조체)에서 아세틸 콜린 레벨이 유의적으로 상승하였다. 그리고 중요한 발견은 장기기억과 사고 작용에 결정적인 역할을 하는 전두엽에서 140% 증가가 된 것이 발견되었다[21].

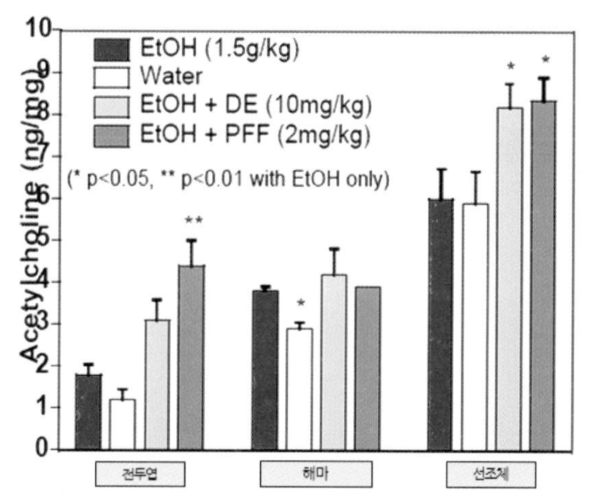

Values represent mean +/-S.E. (ug/mg tissue) of 6-10 mice.
** p<0.05, ** p<0.01 when compared to ethanol-treated mice*

21) Improvement of Memory by Dieckol and Phlorofucofuroeckol in Ethanol-Treated Mice: Possible Involvement of the Inhibition of Acetylcholinesterase, Chang-Seon Myung, and et. al.,Arch Pharm Res, Vol. 28, No. 6, p. 691-698, June 2005.

또 다른 동물시험 연구에서는 아무 것도 투여하지 않은 쥐는 학습한 것을 약 60초 후까지 밖에 기억하지 못했지만, 씨놀Algal Tannin을 투여한 쥐는 160~220초 동안의 기억력을 보였다[22].

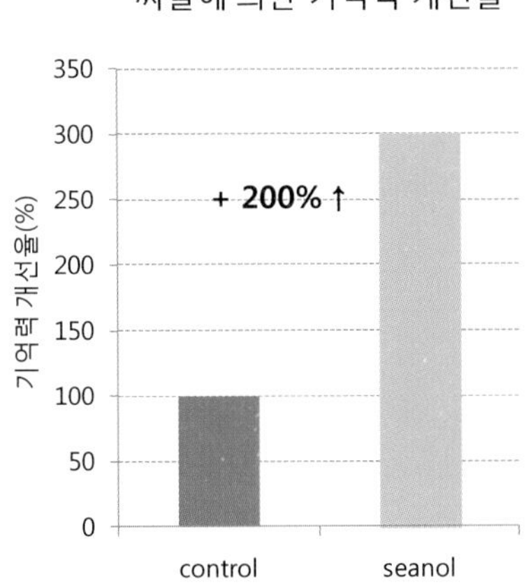

이와 같은 다양한 실험을 통해 알 수 있는 것은 씨놀의 주요특성인 강력한 항산화력과 항염증 작용, 그리고 아세틸콜린 레벨의 상승, 알츠하이머형 치매의 원인으로 생각되는 베타-아밀로이드의 생성을 억제함으로써 기억력과 학습력을 씨놀에 의해서 상승시킬 수 있다는 것이 증명되었다.

필자의 경험으로도 씨놀을 섭취 후에 눈에 띠게 집중력과 기억력이 상승되는 것이 느껴졌으며 씨놀을 섭취한 많은 고객들도 인지력과 기억력이 많이 좋아진 느낌이라고 말한다.

그리고 약국 뉴스인 데일리 팜에서는 강남권 학원가 약사의 인터뷰 내용에서 집중력과 기억력 향상에 효과가 좋아서 수험생들이 씨놀 제품을 많이 찾는다는 내용은 매우 인상적이다.

22) Myung CS, Shin HC, Bao HY, Yeo SJ, Lee BH, Kang JS. Improvement of memory by dieckol and phlorofucofuroeckol in ethanol-treated mice: possible involvement of the inhibition of acetylcholinesterase. Arch Pharm Res 28:691-698(2005).

3) 뇌세포는 재생될 수 없는가?

위의 퇴행성 뇌질환에 대한 씨놀의 과학적 데이터를 정리하면서 다음과 같은 생각을 하게 되었다. 앞에서 말한 씨놀의 특성은 분명 뇌질환에 도움을 줄 수 있다. 그러나 이미 죽어 버린 신경세포를 되살리는 것은 불가능한 것이다.

뇌의 신경세포 뉴런은 한번 손상되면 복구될 수 없는가?

기존의학의 정설은 "뇌의 신경세포는 재생하지 않는다."는 것이었다. 따라서 뇌세포의 파괴로 인하여 발생되는 치매, 파킨슨, 중풍은 치료될 수가 없는 것으로 생각되어졌다.

그러나 최근에 들어와서 뇌세포도 재생이 가능하다는 새로운 이론이 하버드대학 연구진에 의해서 발표되면서 중추신경계[CNS] 환자들에게도 새로운 희망이 생겼다.

한번 파괴되고 죽은 세포들은 세포분열을 하지 않기 때문에 소생시킬 수는 없다. 그렇다면 어떻게 새로운 뇌세포들이 다시 생겨날 수 있는 것일까?

그것은 만약 뇌에서도 골수에서처럼 끝없이 줄기세포가 생성되고 있고 그 줄기세포가 완전히 성장한다면 가능한 일이다.

의학계 최고의 과학 논문지 Nature의 자매지 9월호에 다음의 논문들이 발표되었다.

Neurodegenerative disorders: New neurons repair Parkinson's brain.
- Nature Reviews Neuroscience 7, 684(September 2006) | doi:10.1038/nrn1999 -

이 논문에 의하면 파킨슨씨 모델의 쥐의 실험에서 뇌에서 생산되는 어떤 물질이 새로운 뇌의 줄기세포의 생산을 촉진시키며 줄기세포에서 새로 생긴 세포가 자라나서 파킨슨씨 질병의 원인인 도파민을 생성시키는 신경세포로 분화되어 세포들이 필요한 위치로 이동하여 신경전달물질을 분비케 함으로써 마침내 증세가 회복된다는 놀라운 사실을 보여 준 것이다.

또 아래의 논문은 환경과 경험적 요인이 신경장애에 좋은 영향을 미쳐서 환자의 상태를 호전시킬 수 있다는 내용이 발표된 논문이다.

Enriched environments, experience-dependent plasticity and disorders of the nervous system.
- Nature Reviews Neuroscience 7, 697-709(September 2006) | doi:10.1038/nrn1970

환경적 요소, 즉 음식, 정서적인 것, 운동, 스트레스관리와 같은 것들이 뇌세포의 재생에 영향을 미친다고 말하는 것이다.

동물실험에 의하면 실험용 쥐들에게 동일한 음식을 먹였더라도 생활환경을 더 흥미 있게, 살맛이 나도록 꾸며주었을 때에 새로운 뇌세포들이 더 활발하게 재생된다는 사실이 밝혀진 것이다.

이러한 동물실험의 결과로 보면 인간의 뇌도 지속적으로 존재하지 않던 세포들이 계속 재창조 될 수 있음을 말하고 있다. 이러한 새로운 줄기세포들의 생산이 없다면 인간은 참으로 빠른 속도로 노화되어 버렸을 것이다.

그렇다면 인간의 치매, 파킨슨, 중풍은 왜 치유를 할 수 없는 것일까? 정상인에게는 생기는 줄기세포가 뇌신경 질병을 가지고 계신 분들에게는 생성되지 않는 것일까?

요즘 뇌 과학자들의 최대의 관심사는 신경가소성Neuro-Plasticity이다.

뇌의 가소성에 대한 노먼 도이지의 저서『기적을 부르는 뇌』에 좋은 일화가 있다.

어떤 의사가 뇌질환에 걸려 뇌의 한 쪽 부위가 손상되면서 하루아침에 하반신 마비가 걸렸다고 한다. 겨우 60살이었던 그 사람의 아들인 의사는 아버지를 처음부터 다시, 즉 기는 것부터, 걸음마 그리고 걷는 것을 연습시켰다고 한다.

결국 그 의사는 정상적으로 다시 걸을 수 있었다고 한다. 나중에는 재혼까지 하고 10년을 행복하게 살다가 죽었다고 한다. 죽은 후, 그 분의 뇌를 해부해보니까 너무 놀라운 사실을 발견한 것이다.

사람들은 그 의사의 다쳤던 뇌 부위가 정상화되어 다시 걸을 수 있었다고 생각했었는데, 원래 손상되었던 그 두뇌 부위는 그대로 손상된 상태였으나, 대신 다른 부위가 발달되어 있었다고 한다. 즉 그 발달된 그 부위 덕분에 그 분이 다시 걸을 수가 있었다는 것이다.

뇌의 가소성은 죽었거나 손상된 세포가 다시 복구되는 것을 의미하지 않는다. 손상된 세포가 하던 일을 대신할 수 있는 다른 부위에 새롭게 세포가 생성되어 그 기능을 대신할 수 있다는 이야기이다. 하지만 뇌의 줄기세포 생성론은 골수와 같이 줄기세포가 지속적으로 생성시켜서 손상된 뇌신경을 복구할 수 있다는 말이다.

필자는 몇 년 전에 홍콩에 사는 미국의 영성과학 람타스쿨 관리자로부터 그분이 공부하는 람타스쿨에서는 뉴런의 줄기세포는 28일 만에 생성되고 환경이 잘 만들어지면 28일 만에 자리를 잡고 2~3년이 되면 손상된 뇌세포가 복구된다고 배운다고 한다.

이러한 이야기는 아직 과학적으로 완전히 밝혀지지는 않았지만 위에 발표된 논문들의 내용을 보면 충분히 가능성이 있는 이야기로 생각된다.

그런데 28일 주기로 생성되는 뉴런이 어떤 작용을 할 수 있는가 없는가는 그의 생각과 집중에 따라 달라질 수 있다. 즉 목적이 분명하지 않은 뉴런이 만들어지는데 지속적으로 훈련하면 그 방향으로 뉴런은 성장하고 그러한 기능을 담당하게 된다는 것이다. 그리고 지속적으로 사용하다보면 뉴런을 감싸고 있는 미엘린(수초화)세포의 두께도 점점 두꺼워져서 잃어버렸던 기능도 복구하게 된다고 한다.

그런데 문제는 어린 줄기세포가 성장하려면 환경이 좋아야하는데 특히 활성산소와 염증환경은 어린줄기세포에게는 치명적이 될 수 있다. 또한 치매환자에게는 베타아밀로이드라는 단백질이 지속적으로 발생되는데 이러한 단백질의 생성은 면역세포의 표적이 되어 뇌속을 염증환경으로 만들어 버린다.

씨놀은 뇌신경 세포에 어떠한 영향을 미칠 수 있는가?

먼저 씨놀이 치매, 파킨슨, 중풍에 도움이 될 수 있는 기전을 살펴보자.

첫째, 씨놀은 뇌혈류장벽BBB를 쉽게 통과하여 직접적이고 빠르게 뇌세포에 영향을 줄 수 있다.

둘째, 씨놀은 강력한 슈퍼 항산화제로 뇌에서 발생되는 활성산소를 소거하여 세포의 파괴를 막을 수 있다.

셋째, 씨놀은 강력한 부작용 없는 천연 항염증제로 염증에 의한 세포의 괴사를 막을 수 있다.

넷째, 24시간의 오랜 반감기로 지속적인 뇌세포의 악화를 막고 보호할 수 있다.

다섯째, 씨놀은 치매를 일으키는 직접적인 원인물질인 베타아밀로이드의 생성과 집적을 억제할 수 있다.

위의 다섯 가지의 씨놀의 특징은 뇌의 줄기세포 재생에 도움이 될 수 있는 특징이다. 하지만 뇌의 활동은 한 가지만으로는 해결되지 않는다.

특히 퇴행성 뇌질환의 경우는 필수 아미노산, 필수 지방산, 필수 비타민과 미네랄과 같은 영양성분이 결핍되어 있을 가능성이 많다. 아무리 훌륭한 목수라도 재료 없이 톱과 대패만으로는 집을 지을 수는 없다. 씨놀은 재료가 될 수 없다. 충분한 재료를 가지고 목수가 일을 하려고 할 때 씨놀은 주변 환경을 잘 정리하여 목수가 집을 잘 완성할 수 있도록 돕는 세포 복원의 수호자 역할이라고 말하고 싶다.

아직 씨놀이 중추신경계의 질환을 정복했다고 말할 수 없다. 하지만 현재까지 뇌세포의 복원에 이만큼 가까이 간 물질도 없다.

인체는 다차원적인 구성을 하고 있다. 이를 위하여 씨놀 한가지로 실험을 해서 안된다고 하기보다는 환자에게 필요한 환경과 충분한 영양소의 섭취가 이루어지면서 융합적이고 복합적인 치료가 이루어진다면 그곳에서 놀라운 기적이 일어나리라는 생각이 든다.

최근 미국의 시나트라 박사와 씨놀 연구진들은 뇌질환에 대한 씨놀의 작용에 대하여 새로운 사실을 알게 되었다고 한다.

미국에서도 많은 퇴행성 뇌질환환자에게 씨놀 제품을 적용하는 임상실험이 많이 이루어지고 있는데 그중에 어떤 분은 극적으로 치매나 파킨슨 등의 질병이 호전되는 사례가 있는 반면 반응이 전혀 나타나지 않는 사람들의 경우에 대한 해답을 찾았다는 것이다.

그 이유는 씨놀은 혈관성으로 인하여 문제가 온 뇌질환의 경우에는 거의 대부분 효과를 보지만 다른 요인으로 인한 치매나 파킨슨질환의 경우에는 효과가 개선되기보다는 그 상태가 더 이상 악화되지 않도록 유지 시켜준다는 내용이었다.

필자의 의견도 이러한 내용이 충분히 근거가 될 수 있으리라 생각이 든다. 씨놀의 작용 원리상 씨놀이 뇌로 침투하여 오랜 기간(12시간) 염증과 활성산소를 억제해 준다면 퇴행성 뇌질환의 악화를 최소한 막을 수 있다는 것은 분명해 보인다.

그러나 2~3년 씨놀제품을 포함하여 여러 가지 뇌영양 물질과 학습과 운동을 포함하여 진행한다면 어떠한 퇴행성 뇌질환도 가능할 것으로 개인적으로 생각되어 나는 씨놀의 뇌질환에 대한 임상적 적용에 지대한 관심을 가지고 있다.

6장

생활 건강과 씨놀

1 치주질환은 만병의 근원

한국인들의 치주질환의 유병율은 50대 이후 40~50%에 이를 정도로 2명에 1명꼴로 앓고 있는 국민질환 중의 하나이다. 특히 40대 이후에는 치주질환 유병율이 급격히 증가하게 되는데 만성적인 스트레스, 흡연, 단백질, 비타민 등의 영양부족, 임신한 경우나 당뇨병 등과 같은 호르몬 장애, 후천성면역결핍증AIDS 등의 원인이 질환을 악화할 수 있다.

연령별 치주 질환 유병률

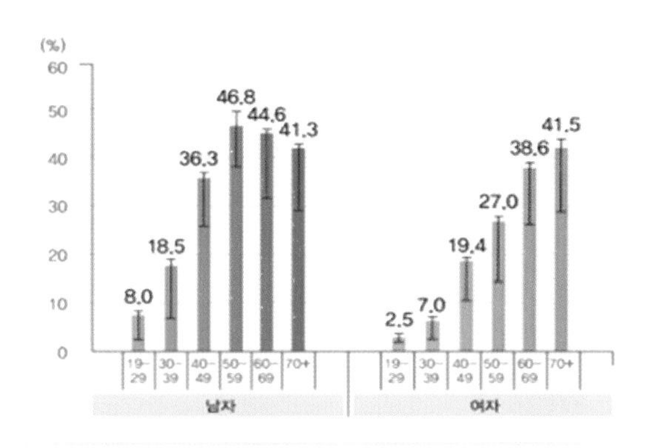

※ 치주 질환 유병률 : 치주조직 병 치료 이상의 치주 질환(잇몸병) 치료가 필요한 분율, 만 19세 이상

자료출처 : 2010 국민건강 영양조사

치주질환의 직접적인 원인은 치아에 지속적으로 형성되는 플라크plaque라는 세균막이 원인이다. 플라크는 끈적끈적하고 무색이며, 이것이 제거되지 않고 단단해지면 치석이 된다. 치주질환은 흔히 풍치라고도 하는데, 병의 정도에 따라 치은염gingivitis과 치주염periodontitis으로 나뉜다.

비교적 가볍고 회복이 빠른 형태의 치주질환으로 잇몸 즉, 연조직에만 국한된 형태를 치은염이라고 하고 치은염은 잇몸의 염증으로 일반적인 염증의 증상과 같이 잇몸이 빨갛게 붓고 출혈이 있을 수 있다.

초기에는 칫솔질만 꼼꼼히 해도 어느 정도 회복이 가능하다. 그러나 이것이 오랫동안 방치하여 염증이 잇몸과 잇몸 뼈 주변까지 진행된 경우를 치주염이라고 하는데 이 경우에는 계속해서 구취가 나며, 치아와 잇몸 사이에서 고름pus이 나오고, 음식을 먹을 시에 불편감을 호소하게 된다. 치아가 흔들리기도 하는데 간혹 증상 없이 진행되는 경우도 있다.

플라크와 치석이 계속 쌓이면 잇몸과 치아가 분리되고 틈이 벌어지면서 치아와 잇몸 사이에 치주낭이 형성된다. 치주낭은 염증 주머니로 치조골과 치주인대가 파괴시켜 결국에는 흔들리는 치아를 발치해야 한다.

치주질환을 방치하여 영구치를 잃게 되면 씹는 활동이 어려워져, 소화장애 및 뇌기능에 이상이 오기도 한다. 특히 치아가 건강하지 않은 사람들에게서 치매나 뇌질환이 많이 발생되고 있다는 사실은 널리 알려진 사실이다.

이러한 치주질환이 심혈관 질환에 영향을 미친다는 연구결과가 많이 나오고 있다.

최근 연구에 의하면 잇몸 질환이 있는 사람의 경우 잇몸의 세균이 치아와 잇몸사이의 틈으로 들어가고 염증이 있는 모세혈관

속으로 파고 들어가서 구강과 가장 가까운 심장의 관상동맥이나 뇌혈관 속으로 들어가 염증을 일으켜 혈관의 동맥경화를 일으키게 되었다고 한다. 그 결과 관상동맥이 막혀서 오는 협심증이나, 심근경색 등의 발병으로 갑작스럽게 사망하는 돌연사가 발병할 수 있으며, 뇌혈관이 발병할 경우에는 뇌졸중 등 뇌질환을 일으킬 수도 있다는 보고가 계속 이어지고 있다.

여성의 임신 시 조산과 저체중아 출산의 가능성도 높인다고 하며 잇몸 속의 세균이 염증을 유발하여 만들어지는 염증 매개물질이 혈관을 타고 전신으로 흘러 당뇨, 심혈관계질환, 뇌질환 등을 악화시키는 것이다.

최근 미국 국민건강 및 영양조사NHANES에 의하면 잇몸병이 있는 사람이 심장마비를 일으킬 위험은 2.1배, 뇌졸중을 일으킬 위험은 2.8배, 심장병에 걸릴 위험이 1.6배 높아진다고 한다. 또한 스웨덴 카를린스카연구소 조사에 의하면 잇몸병이 있는 사람이 그렇지 않은 사람에 비해 암으로 인한 조기사망률이 80%나 높았다고 한다.

씨놀과 치주질환

씨놀은 플로로탄닌 계열의 폴리페놀이다. 타닌계열의 폴리페놀은 박테리아와 바이러스가 지닌 섬모를 무디게 해버려 점막에 달라붙지 못하게 한다. 그 결과 구강내의 세균들은 씨놀을 함유한 치약과 만나면 세균을 번식하지 못하고 씻겨 내려가게 된다. 즉 위해성이 없는 항생제의 역할을 하게 된다.

씨놀 성분이 함유된 치약을 사용한 후 치은염이 2주 후에 사라지는 경우가 많이 나타나고 있으며 특히 시린이나 구취나 두

꺼운 설태, 구강내의 자잘한 트러블 등이 쉽게 사라지고 잘 발생되지 않는다.

씨놀이 함유된 치약은 2가지의 더블 액션작용을 하게 되는데 그 한 가지 작용은 구강 내에 존재하는 세균을 제거하여 세균의 번식을 막는 작용을 하는 것이고, 두 번째 작용은 치아에 미세한 마이크로필름을 형성시켜서 칫솔질 후에도 세균이 번식하여 플라그 형성이 잘 형성되지 않도록 하는 작용을 한다.

또한 일반적인 칫솔의 경우에는 칫솔질 이후에 물기가 묻어있는 상태이므로 세균의 번식이 급속하게 이루어지게 되어 다음 번 칫솔질 할 때는 세균에 감염된 칫솔을 사용하게 된다. 그러나 씨놀치약을 사용한 경우에는 칫솔에 미세하게 씨놀 성분이 코팅되어 세균이 번식되는 것을 막아준다는 것이 실험결과 밝혀졌다. 따라서 씨놀 성분이 함유된 치약의 사용은 치은염 단계에서 지속적으로 사용할 경우에는 치주염으로 발전시키지 않고 치아를 온전히 보전할 수 있다. 그리고 잇몸의 세균을 억제시켜서 염증에 의한 심혈관 질환을 예방하고 돌연사를 미연에 방지할 수 있다.

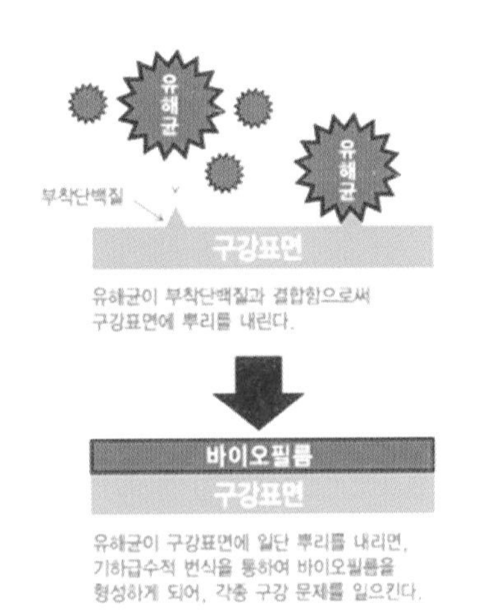

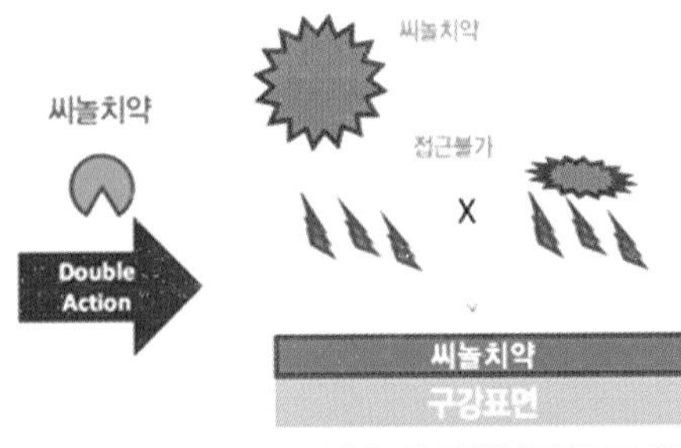

칫솔모에 대한 씨놀치약의 강력한 세균억제효과

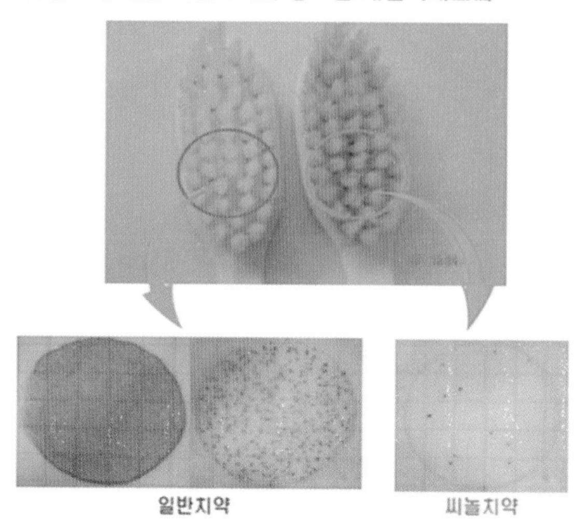

씨놀치약 사용 후 설태와 구취제거

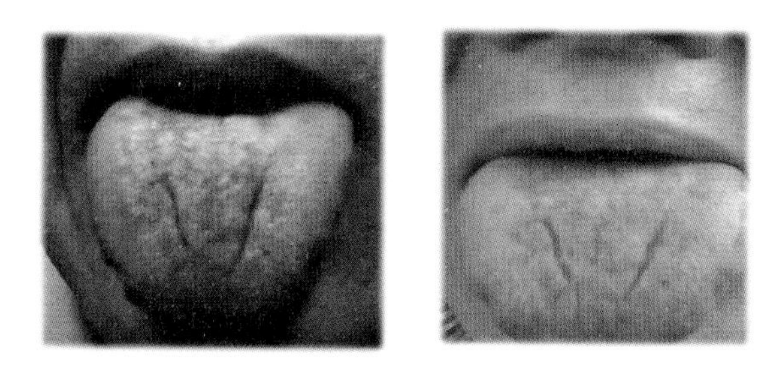

구강건강(Oral Health) KR 2009-56654, PCT/KR2009/005480

2 두피질환 방치하면 위험

두피頭皮질환이란?

두피는 구조상 다른 신체부위와는 달리 피지선(기름샘)이 많고 긴 모발을 지니고 있어 자외선으로부터 두피를 보호할 수 있다. 반면에 피지선(기름샘)에서 분비된 기름이 완전히 세척되지 않을 경우 세균번식의 온상이 될 수도 있고 피지분비의 조절과정과 관련된 부분에 문제가 발생하면 두피질환이 되기도 한다.

두피질환에는 지루성 피부염, 비듬성 피부염, 건선, 예민성 피부염, 백선, 접촉성 피부염, 아토피, 바이러스성 피부염, 감염성 피부염 등이 있다.

지루성 피부염

지루성 피부염이란 과다한 피지분비와 노화된 각질로 인하여 피지 산화물이 많이 발생하는 경우에 발생된다. 지루성 피부염은 두피에 심한 악취와 함께 부분적인 염증과 가려움증, 진물, 끈적거림을 동반하며 피부에 붉은 기와 비늘 모양의 비듬이 있다. 여러 가지 원인 중 유전적 요인, 비타민 B의 부족, 가족력,

호르몬 불균형, 스트레스, 과다한 피지분비, 진균감염 등의 원인을 들 수 있다.

최근에는 피티로스포룸 오발레Pityrosporum ovale라는 곰팡이균이 두피에 많아지면 이 질환이 심해진다는 사실이 보고되기도 하였다.

지루성 피부염은 치유되었다가 재발율이 매우 높아서 근원적인 치유가 필요하다.

비듬성 두피

비듬은 스트레스를 많이 받는 사람의 경우에 흔히 발생하여 질병으로 취급하지 않는 경우가 많으나 지속적으로 방치하면 두피에 심한 지루성 피부염으로 발전가능성이 높아진다.

비듬이란 인설鱗屑이라고도 하는데 두피세포의 각질화 현상이 심화되어 불규칙하게 배열되었다가 탈락되는 현상이다. 크게 2가지로 나뉘는데 효모형태의 친지성 진균의 증식이 비정상적으로 증가되어 생긴다는 설과 두피내의 영양물질이 과도하게 증가됨으로 인하여 생긴다는 두 가지 설이 가장 유력하다.

그 밖에도 표피의 조기분화 혹은 분화조절 이상을 일으키는 질환(예, 건선)에서 비듬이 많아지며, 외부의 환경적 요인으로 차고 건조한 날씨에 두피 각질층이 건조해진다든지, 과다한 세정제의 사용으로 두피의 자극-각질 탈락이 증가되는 것은 염증과 무관한 비듬의 과다 발생과 관련된 것들이다.

비듬 생성의 원인에 따라 건성비듬, 지성비듬, 혼합형 비듬으로 나뉜다. 그중 지성비듬이 탈모의 위험성이 크게 나타난다.

건선

건선은 비듬과 더불어 발병율이 높은 질환으로 유전적이거나 급성감염, 두피의 상처, 정신적, 육체적 스트레스 등과 외적으로 작용하는 햇빛 자외선, 기후, 기계적 자극 인자 등의 원인으로 발생하며 피부에 구진[01] 및 각질이 발생하며 잘 치료되지 않은 두피염이다.

두피의 구진과 각질이 발생하면서 가려움증이 발생하는데 샴푸 및 브러싱할 때 각질과 모발이 같이 떨어져 나와 탈모현상이 발생한다.

예민성 두피

건성, 지성, 예민성 두피 등 어느 두피에도 나타날 수 있으며, 두피 각화의 과정이 빠르고, 얇은 각질층을 형성한다. 진균, 곰팡이, 박테리아 등의 침투에 대한 면역력이 떨어져 두피염증, 홍반을 유발하기 쉽다. 붉은 두피톤을 유지하고, 모세혈관 충혈을 볼 수 있다.

주요 원인은 수면부족, 스트레스, 호르몬 이상, 영양 불균형, 청결하지 못한 두피, 세균감염, 외부 질환, 피지 산화물의 작용 등과 같은 외부요인을 들 수 있다. 피지 산화물의 작용에 의한 경우는 두피 염증과 악취를 동반하며 지루성 피부염, 탈모 증상이 동시에 나타날 수 있다.

두부백선

두부백선Tinea capitis은 흔히 기계충이라고 부른다. 기계충은 머리카락이나 머리의 뿌리에 원인이 되는 곰팡이균Microsporum과 Trichophyton이 기생하는 질환으로, 머리털이 끊어지거나 비늘처럼 보이는 둥그런 각질이 두피에 생긴다.

01) 피부에 나타나는 작은 발진(發疹). 피부에 나타나는 발진 중에서 안에 고름은 없고 지름이 5mm 이하인 작고 딱딱한 덩어리를 구진이라고 한다.

이는 우리나라에서 위생적으로 깨끗하지 못하던 1960년대에 많이 발생하던 질환으로 주로 소아에서 사춘기 이전의 초등학교 학생들에게서 많이 발생하며 어른들에게서 발생하는 예는 드물다.

기계충의 증상으로는 머리에 여러 가지 크기의 원형이나 타원형의 인설이 경계가 뚜렷해 보이면서 대개 회색 또는 약한 홍반성을 띄고 있다. 증상이 심하면 머리털이 빠지거나 쉽게 부러져 부분적으로 탈모현상이 생긴다.

기계충은 직접 접촉, 이발기구, 모자 등을 통한 간접적 발생도 있고, 고양이와 개를 통해서도 전염될 수 있다.

알레르기성 접촉성 두피염

두피에 염색약, 파마약에 의한 유해화학 물질이나 알레르기 물질 그리고 금속류, PVC 제품, 알코올 등으로 두피에 접촉이 되었을 때 염증이 발생하고 진물이 나고 탈모로 진행되는 현상이 생긴다. 특히 염모제에 대한 알레르기 반응이 있으면 머리카락을 염색하지 않거나 알레르기를 일으키지 않도록 화학적인 성분 특히 PPDA(파라페닐렌 디아민)나 암모니아의 독성을 중화할 수 있는 성분이 가미된 염모제를 선택하여 사용하는 것이 좋다.

아토피 두피염

면역 과잉반응 현상으로 두피트러블을 일으켰던 항원에 대한 과민 반응으로 염증과 각질로 인하여 탈모가 생긴다.

바이러스성 두피염

두피에 바이러스가 감염되어 생기는 두피염으로 수포와 같은 포진이 발생하며 두피 조직이 괴사되어 탈모반을 형성한다. 바이러스의 감염은 심한 통증을 동반한다.

감염성 두피염

머릿니, 곰팡이감염, 세균성(매독균등) 등에 오염되어 나타난다.

감염성 탈모는 가장 먼저 가려움증의 발생으로 시작되며 피부의 면역을 담당하는 진피층의 면역력 저하가 두피에 갖은 형태의 트러블로 진행한다.

탈모

탈모증은 안르로겐 성호르몬에 의한 남성형 탈모와 스트레스 과잉이나 약물남용 등의 원인에 의한 원형탈모, 백선에 의한 탈모, 심한 지루피부염에 의한 탈모 등이 있다.

두피질환이 오랜 기간 치료되지 않은 성태로 방치하면 두피는 딱딱해지고 색소가 침착되며 탈모가 급격히 진행되는데 만성적인 염증 반응을 갖는 모든 두피 질환에서도 공통적으로 탈모가 진행된다.

두피질환에 작용하는 씨놀 샴푸와 토너

최근에는 서구식 식생활 변화에 의한 인스턴트 식품 섭취 증가와 과열 입시 경쟁에 따르는 스트레스 증가로 소아, 청소년기에 두피 질환을 겪는 사람이 크게 늘고 있는 양상이다.

두피는 모발의 미용 기능적인 측면이 잘 이루어지도록 하는 부위이고 모낭은 약 10만개 정도로 분포되어 있다. 그 수는 개인간 혹은 인종간 차이가 있지만 두피 모발의 밀도는 단위면적(㎠)당 1,000개 전후이다.

노화가 진행되어감에 따라 그 밀도는 차츰 감소하고 중년기(30대)에 접어들면서 600~700개 정도로 감소하게 되고, 노년기

(60대 이후)에는 400~500개 정도로 줄어든다. 하지만 이것은 유전적 혹은 개인의 관리에 따라 천양지 차이를 보인다.

일반적으로 두피질환은 각질, 염증, 가려움증, 구진, 홍반 등을 동반하는데 이러한 증상의 배경에는 과도한 피지분비에 따른 두피의 피질에 서식하는 세균들의 번식과 염증에 의해서 주로 발생된다.

씨놀의 폴리페놀 성분은 항균력이 지상의 그 어떤 폴리페놀보다 강력하기 때문에 가장 빠른 시간에 세균의 번식을 억제하여 두피질환의 불편한 증상 등을 해소한다.

특히 염증의 주요마스터 키인 NF-kB를 억제하는 성질과 COX-2 효소의 억제 작용은 화학적인 약물의 작용을 능가하고 있기 때문에 화학 약을 대신하는 치료제를 대신할 수 있다.

단 초기에는 이미 죽어 있거나 가늘어져 있던 모발들이 빠지면서 샴푸 사용시 지나치게 많이 빠지는 느낌이 있으나 두피의 염증이 사라지면서 걸쳐만 있던 모발이 염증이 사라지면서 빠져나가는 증상이므로 지속적으로 사용하면 그 증상은 15일 이내에 사라지고 그 이후부터는 건강하고 굵은 모발이 다시 자라난다. 그리고 씨놀 샴푸와 토너를 사용 시에는 바로 행구지 말고 4~5분 정도 지난 후에 물로 행구어 내면 그 효과가 더욱 좋다.

원형탈모에 작용하는 씨놀의 원리를 설명해보면 씨놀의 대표적인 특징 중에 하나는 뇌파 중 명상이나 부교감 신경지배하에서 나오는 알파파의 증가를 유도하는 것이다.

알파파는 스트레스를 떨어트리는 기능을 한다. 스트레스는 두피의 모세혈관을 수축시켜서 모발에 영양의 공급을 차단하여 모근의 영양결핍을 유도하고, 외부의 세균이나 오염물질에 저항할 수 있는 면역세포의 전달을 용이하게 하지 못한다.

따라서 혈관수축이 국소적으로 지속적으로 일어날 경우에는 원형탈모가 발생할 수 있는데 씨놀 성분은 스트레스를 떨어트리고 뇌로 가는 모세혈관을 확장하여 뇌혈류를 개선시켜서 원형탈모의 증상을 개선시킬 수 있다.

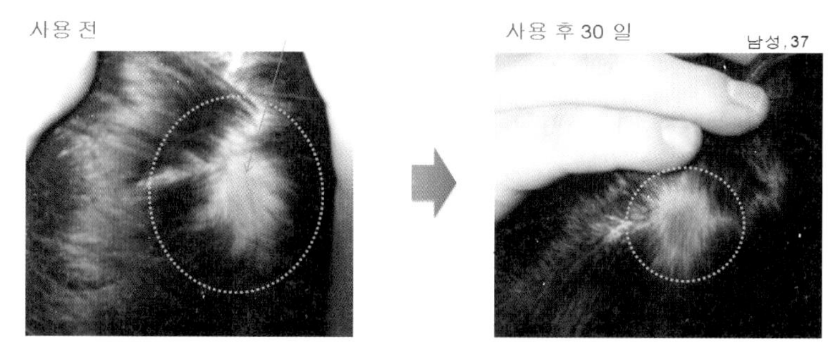

원형 탈모증, 골프에서 잔디가 뜯겨나가 움푹 파인 자국(divot) 같은 현상에서
파인 자국이 다시 올라오고 그 자리에 머리카락이 생겨나기 시작함.
전체적으로 머리카락이 붙어있지 않을 뿐 아니라, 한올 한올 힘이 생김.

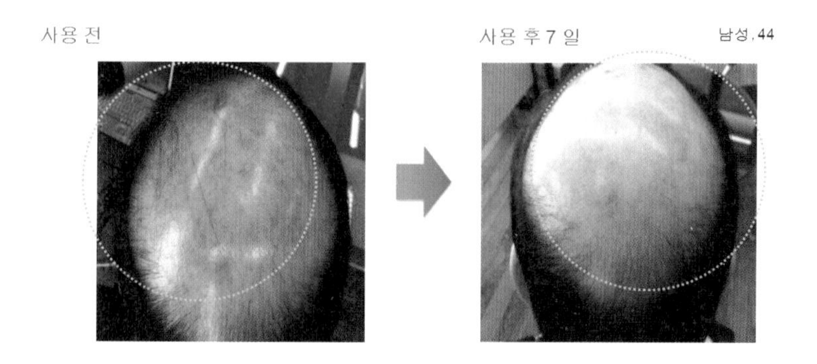

울긋불긋하고 심했던 두피염증이 7일 만에 깨끗하게 개선되었다.

특허 자료 : 모발/두피 보호(Scalp/Hair Care) KR 2010-09811

3 운동능력 향상과 씨놀

오재근교수 연구팀, 씨놀SEANOL임상효과 입증

(국내 천연 해조류 추출물로 세포 대사 활성화 유도 임상 결과확인)

국내 남해 연안 토종해조에서 추출되는 "씨놀SEANOL"성분이 운동능력과 학습수행능력의 지표인 지구력과 집중력을 탁월하게 향상시킨다는 사실이 국내 연구진에 의해 임상실험 결과 입증됐다.

한국 체육대학교 스포츠 의학실 오재근(47)교수 연구팀은, 10일 정기적인 생활체육운동을 실시하는 20명의 대학생을 대상으로 운동부하 실험을 실시했다. 이 결과, 씨놀이 함유된 음료를 마신 후 운동을 할 경우 운동시간이 6.3~7.1% 향상되고, 뇌파 측정을 통해서도 집중력이 44.5~58.4% 증가한다는 것을 임상실험을 통해 밝혀냈다.

이는 기존에 축구선수가 전후반 90분을 뛰고 탈진한다는 것을 가정했을 때 6~7분 정도를 더 뛸수 있는 체력을 가진다는 것을 의미한다.

이와 함께 지구력의 주요인인 산소섭취량과 젖산(운동 피로요인)의 변화를 비교한 결과, 씨놀이 함유된 음료를 복용한 경우 산소섭취량이 최대 4.0~6.5% 증가했다. 또 젖산은 운동 후 3분, 5분, 15분후에 각 1~8.9% ,

5.8~10.8% , 6.6~13.9% 감소하는 것으로 나타났다고 밝혔다.

장시간의 육체적, 정신적 운동은 근육세포와 뇌세포의 활동기능을 하는 미토콘드리아의 효율을 저하시킨다. 이때문에 육체적으로나 정신적으로 지치지 않고 원하는 일을 수행하기 위해서는 미토콘드리아의 효율이 얼마나 오랫동안 유지할 수 있는가가 관건이다.

씨놀SEANOL이 미토콘드리아의 산화노폐물을 효과적으로 제거함으로써 그 효율성을 높여 근육세포와 뇌세포의 활동기능을 장시간 유지할 수 있게 해주기 때문인 것으로 분석됐다.

또한, 인체의 주요 세포는 스트레스하에서 미토콘드리아의 DNA에서 NF-KB(엔에프 카파비)에 의해 대사성 효소의 발현이 감소되어 에너지 생산 효율이 감소하는데 씨놀이 NF-KB의 생성을 억제하는 것으로 나타났다.

또한 획기적인 것은, 단 1회를 마셨을 경우에도 세포의 에너지 생산효율을 향상시켜 전문 운동선수뿐만 아니라 평소 음료를 즐겨 마시는 생활체육인 및 학생, 직장인 등 정신 노동자까지 적용 범위가 광범위하다고 내다봤다.

최근 우리나라를 비롯해 미국, 캐나다, 호주 등에서 학교내 판매가 금지된 탄산음료와 달리 근육세포와 뇌세포의 효율적인 작용을 도와주는 새로운 개념의 음료가 실현된 것이다.

임상호(17,용인외고 2학년)군은 "전에는 졸음을 쫓기 위해 커피나 홍차 등 카페인성분 음료를 마셨는데 요즘 씨놀이 함유된 음료를 마시면서 전보다 정신집중이 잘되고 머리도 맑아진 느낌이 든다"고 체험소감을 밝혔다.

또한 경주마에게 먹였을 경우도 상당한 효과를 발휘하는 것으로 나타났다. 최근 경마경기에서 '엔트로'라는 경주마에게 씨놀 함유 음료를 지속적으로 먹인 결과 1000M경기에서 지난해 '서미트 파티'라는 경마가 세운 기록을 0.2초 앞당기고 58.6초로 2위와의 격차를 무려 10마신 차를 둘 정도로 큰 차이를 보였다.

그리고 두 번의 출전경기에서 모두 우승을 하는 파란을 일으키는 가운데

경마전문가들은 "경마에서 해당 경주거리 주파기록을 경신했다는 것은 단순한 기록경신 이상의 의미를 지니고 있다"며 씨놀에 대한 지속적 관심이 필요하다고 분석했다.

오재근 교수는 "이러한 임상실험 결과는 씨놀성분을 함유한 음료를 지구력 및 고도의 집중력이 필요한 운동선수들이 마실 경우, 획기적인 기록경신으로 이어질 수 있고, 학생이나 수험생, 직장인 등이 장기간 집중력을 유지하는데 큰 도움을 줄 것"이라고 말했다.

한체대 연구팀은 향후 장기적 섭취 효과, 운동선수의 기록향상, 생활마라톤에의 적용실험 등 지속적인 임상연구를 수행할 계획이라고 말했다.

한편, 씨놀은 국내 연안에서 풍부하게 자생하고 있는 감태, 톳, 모자반 등에서 추출된 생리활성 물질로, 최근 들어 급속히 증가하고 있는 대사성 질환이나 성인병 분야에도 적용이 가능하기 때문에 경제적으로 국내 해양양식 산업발전에도 기여할 것으로 기대된다.

- 문화일보 2007. 10. 10

4 만성피로는 만병의 시작 신호

필자가 영양상담하는 고객들의 많은 사람들은 병원에서는 뚜렷한 병명이 없는데 본인은 매사가 귀찮고 피곤함을 많이 느낀다고 하소연한다.

만성피로증후군Chronic Fatigue Syndrome은 일상생활의 50%이상을 활동하지 못하게 하는 피로가 다른 원인 없이 6개월 이상 지속될 때로 진단하며 현대인들에게는 매우 흔한 증상이다.

주로 나타나는 증상으로는 미열, 인후통, 유통성 경부 또는 액와부 임파선 병증, 근력 약화, 근육통, 이동성 관절통, 수면 장애, 두통, 신경정신의학적 증상(광선공포증, 자극과민성, 우울, 집중력 장애 등), 운동 후 24시간 이상 지속되는 피로 등이 주로 나타난다.

만성피로증후군의 원인은 아직 정확하지 않지만 전문가들은 감염성 질환과 면역체계 이상, 내분비대사 이상 등과 같은 여러 요인이 복합된 것으로 보고 있다.

만성피로를 일으킬 수 있는 여러 질환으로는 내분비대사질환(당뇨병. 갑상선질환), 심혈관질환(고혈압. 동맥경화증), 호흡기질환(만성기관지염. 폐기종), 혈액질환(빈혈), 감염질환(결핵. 간염), 암 등 수많은 질병이 거론되고 있다.

이 병은 평균 2년 6개월간 지속되며 결국에는 자연 회복되는 것이 보통이다.

첫 3~6개월은 급성기로 질병이 빠르게 진행되고, 나머지 3~20개월은 천천히 회복되다가 마지막 6개월에 걸쳐 안정을 되찾는다.

피로를 일으키는 원인은 수없이 많으나 일반적으로 일으키는 피로의 원인과는 독립적으로 만성피로증후군은 원인이 잘 설명되지 않는 질환으로 알려져 있다. 일부에서는 이러한 만성피로의 가장 많은 원인은 정신과적인 문제로 진단하는 경우도 있다.

그러나 필자는 만성피로 증후군의 원인으로는 에너지의 부족으로 본다.

에너지는 세포내의 미토콘드리아에서 ATP라는 형태로 저장되고 필요에 따라서 ADP나 AMP로 인산을 분리하면서 에너지를 사용하게 되는데, 세포내의 미토콘드리아의 숫자가 항산력의 부족과 유해물질 등의 원인으로 줄어들어 생체 내에서 대사와 체온유지를 위해 필요한 에너지가 부족한 것이다.

특히 세포막은 불포화지방산이 많아 쉽게 산화되는 경향이 있는데 그럴 경우 산소나 포도당이 세포내의 미토콘드리아로 제대로 전달이 되지 않으면 세포는 산소 부족증에 빠지게 되고 에너지의 생산력이 저하되는 것이다.

에너지가 저하되면 우리는 늘 하품을 하면서 에너지 생산에 필요한 산소의 공급을 촉진시키게 된다. 특히 뇌활동이 많은 수험생이나 정신노동자의 경우는 뇌에서 사용하는 산소와 포도당의 양이 전체의 1/3 정도의 수준이므로 지나친 뇌 활동에 따른 적절한 영양관리와 운동이 제대로 이루어지지 않는다면 만성피로에 시달릴 수 있다.

씨놀과 만성피로 증후군

동양의학적인 관점으로 씨놀의 성질을 이해하면 씨놀의 대표적인 특징은 따뜻하면서도 강한 에너지를 가지고 있다. 동양의학에서는 그 식물이 자라나는 환경을 보면 그 식물의 성질을 알 수 있다고 한다.

씨놀은 찬 바다 속에서 서식하는 감태에서 추출하는 것으로 특히 겨울에 성장을 하므로 환경이 차겁기 때문에 자신은 반대로 따뜻한 성질을 가진다.

씨놀은 기(에너지)가 강한 물질이다. 심하게 모세혈관이나 신경세포에 손상이 있을 경우에는 그 부위가 섭취 후에 심하게 아픈 증상이 나타나는 경험을 하게 되는데 막혀 있던 경락을 뚫고 가면서 일시적으로 나타나는 통증이다.

필자의 경험으로는 허리를 수술하셨던 분인데 함량이 높은 씨놀 제품을 드시고 통증이 너무 심하셔서 병원에 입원하셨고 그 이후에는 양을 줄이면서 서서히 증량하니 지금은 매우 활기찬 모습으로 건강하게 사신다.

수술 시에 경락이나 신경, 혈관에 손상이 있었는데 씨놀의 강한 에너지가 통과 하면서 막혀 있던 경락을 자극하여 통증이 증가한 것으로 추측한다.

에너지는 세포내의 미토콘드리아에서도 만들지만 동양의학에서는 먹는 음식이나 호흡 환경에 의해서도 얻을 수 있다고 본다. 특히 먹는 음식의 에너지는 비장에서 폐로 가고 폐에서 호흡으로 들어온 하늘의 기운과 만나서 후천적인 에너지인 종기宗氣가 된다고 한다.

이것이 부족하면 사람은 심하게 피로를 느끼고 매사에 무기력감을 느낀다.

씨놀의 항산화력은 폴리페놀계 항산화제 중에서 탁월한 능력을 보이므로 세포내의 미토콘드리아의 손상을 최대한 막을 수 있고 손상을 막으면 미토콘드리아는 자신 스스로 복제의 기능이 있어서 그 숫자를 늘려간다.

미토콘드리아의 숫자가 늘어나면 에너지를 생성해내는 힘도 강해지고 만성피로에서 벗어나게 된다. 그리고 세포막의 과산화지질에 의한 손상도 줄어 들게 되어 세포내에 충분한 산소가 공급되면 에너지 대사는 정상을 되찾게 된다.

그밖에도 씨놀의 성분은 혈관의 염증을 줄이고 동맥경화를 완화시키는 작용도 있어 혈행을 원활히 하고 적혈구의 세포막을 건강히 하여 산소의 운반력을 증가시키기도 한다.

그러므로 씨놀은 만성피로증후군을 앓고 있는 환자들에게는 많은 도움을 줄 수 있는 성질을 가지고 있다고 생각된다.

5 간기능 향상과 씨놀의 작용

간은 인체에서 장군 장기라고 불릴 만큼 중요한 장기이다. 왜냐하면 간은 우리 몸의 가장 중요한 해독과 영양소의 합성을 통해 세포로 보내는 혈액의 조성을 결정하기 때문이다.

그러나 현대인들의 간은 오염된 음식물과 첨가물, 유해화학물질들이 범람하기 때문에 이러한 물질들이 소화기관을 통해서 간으로 들어오면 간은 그것을 해독하기 위하여 비타민과 미네랄, 그리고 필수 아미노산을 대량으로 사용해야 한다.

그리고 대장의 장내 환경이 좋지 않으면 단백질 부패물들이 유해균과 만나 심한 독가스를 유발하고 독가스는 밖으로 배출되기도 하지만 다시 간의 문정맥을 통해서 간으로 흡수되기도 한다. 따라서 대장이 건강하지 않으면 간의 기능은 크게 떨어지게 된다.

그 결과 간에서는 미세한 염증으로 간세포가 파괴되고 효소의 방출이 심해지게 된다. 그리고 알콜이나 여러 가지 병원에서 처방되고 있는 약이나 독성이 있는 약초 성분들을 장기간 복용하면 간세포에게 악영향을 주게 된다.

그런데 간에는 신경세포가 없어서 병이 있어도 피부의 감각세포가 느끼는 심한 통증을 느끼지 못하고 다만 묵직하다거나 불쾌하다거나 하는 등의 불편한 느낌을 갖는다.

그래서 간의 세포가 심하게 손상된 후에야 그 불편한 증상을 느끼게 된다. 병원에서 간 기능검사에서 정상이라고 나왔다고 해도 해독의 2단계 과정에서 영양소의 부족은 신장에서 독성 혈액을 잘 걸러낼 수 없는 상태의 혈액 상태가 된다.

간의 해독기능 알아보기

피곤하거나 아침에 일어나기 힘들 때 우리는 흔히 간이 안 좋다는 생각을 한다.

신체 내에서 발생되거나 인체 외부로부터 들어오는 여러 가지 물질과 약물 중 인체 내의 대사 과정을 거쳐서 몸 밖으로 배출되지 못하는 물질은 간에서 해독과 대사작용을 거쳐 배출되어야 한다. 특히 우리 몸속에서 생긴 독소들과 중금속들은 몸속에 축적되고 중금속과 유해화학물질들은 지방세포에 축적된다.

그런데 단식이나 운동을 통해서 지방세포가 분해될 때는 이러한 물질이 대량 혈중으로 쏟아져 나오게 되는데 이러한 물질들은 간장에서 해독과정을 거쳐 몸 밖으로 배출 시켜야한다. 이러한 독성 물질들의 대부분은 물이 녹지 않는 지용성 물질들로 극성을 띠지 않는 성질을 가지고 있고 혈액내의 단백질과 당분들과 결합하여 순환하는데 간은 이러한 물질을 물에 녹을 수 있는 수용성 물질로 전환시켜 담즙이나 소변으로 배출시키는 기능을 하게 된다.

이러한 과정은 크게 2가지 단계로 진행된다.

제 I단계는 지용성 물질을 신장에서 잘 배출시킬 수 있도록 수용성을 높임과 동시에 제 2단계 반응에서 사용될 기질로 변환시키는 반응이다.

제 2단계는 체내의 특징 영양소와 결합시켜 수용성이 더욱 높은 화합물로 변환시켜 신장과 담즙으로 잘 배출시킬 수 있도록 하는 과정이다.

이때 1단계 해독과정 만을 끝낸 독성 물질들은 독성이 완전히 사라지지 않았거나 원래의 독소보다 독성이 더 커지기도 한다.

이 중 독성이 커진 중간대사물질들은 바로 2단계 해독과정을 거쳐서 배출되어야 하는데 영양소의 부족과 처리 독성물질의 과다 용량으로 2단계 해독과정이 더디거나 중단될 경우에는 이 중간대사 물질들이 우리 몸에 악영향을 미칠 수 있다.

이 중간물질이 강력한 프리라디컬(자유기)가 되어 DNA를 공격함으로써 암이 발생되는 가장 큰 이유가 되기도 한다고 한다.

담배는 대표적으로 1단계 해독 효소를 증가시키지만 2단계 해독을 방해하고 여기서 발생한 독성이 강한 중간대사 물질인 폐 조직을 공격하여 암을 발생시킨다는 것이다[02].

제 I단계 반응에 관여하는 대표적인 효소는 산화 효소기능을 갖는 cytochrome P-450라는 효소계인데, 여러 가지의 동종 효소로 인하여 수많은 서로 다른 물질을 처리할 수 있다.

이러한 효소계는 산화-환원반응, 가수분해 반응, 수화 해독 반응, 탈 할로겐화 반응 등을 통해 진행하며 이때 필요한 조효소 및 영양소들은 비타민B2, B3, B6, B12, 엽산, 글로타치온, 아미노산,식물성 플라보노이드, 인지질 등이 필요하다.

이 과정에서 더욱더 수용성화 되며 좀 더 극성을 띠는 중간대사 물질로 변환하게 된다. 이러한 중간대사 물질들을 무독화 시

02) 닥터 디톡스 이영근, 최준영 P179~180

키기 위해서는 비타민A, 비타민C, 비타민E, 셀레늄, 구리, 망간, 코엔자임Q10, 치올CHIOL, 플라보노이드, 실리마린, 폴리페놀 항산화제 등이 필요하다.

제 2단계 반응은 conjugation이라는 과정을 통하여 더욱더 극성을 띠는 수용성물질로 변환시켜서 체외로 배출이 더 용이한 형태로 변환시키는 과정이다.

2단계 반응에서는 아미노산이 1단계에 비해서 상대적으로 많이 소요되는데 해독반응의 종류로는 황산화 반응, 글루쿠론산 반응, 글루타치온 반응, NAC, 시스테인, 메치오닌 관여반응, 아세칠화 반응, 아미노산 결합 반응, 메칠화 반응 등이 주로 진행되며 이 과정에서는 글리신, 타우린, 글루타민, 오르니틴, 아르기닌 등의 아미노산이 많이 소요된다.

이러한 해독과정을 거쳐서 신장에서 소변으로 배출시키거나 담즙으로 배출시켜서 우리 몸의 독소를 제거하는 것이다.

이러한 해독 과정이 없다면 간을 통하여 대사되어야 하는 각종 약물이 체내에 계속 남아있게 되어 극심한 부작용을 초래하게 될 것이므로, 이 과정이야말로 각종 이물질로부터 인체를 보호해주는 필수 대사 작용이라 하겠다.

간의 해독 작용은 우리가 섭취하는 각종 음식물에 포함된 발암성 물질의 대사에도 관여하는데, 약물 대사와 같이 일부 발암성 물질은 대사되어 그 독작용이 소실되기도 하지만 일부에서는 오히려 대사 과정을 거치면서 더 발암 위험성이 높은 물질로 변화되기도 한다. 또한, 해독 과정에서 중요한 cytochrome P-450 효소 활성도가 인체에 들어오는 각종 물질에 의해서 증가하기도 하는데, 그 대표적 예가 에탄올, 즉 만성적인 음주나 장기적인 약물남용자의 경우에는 정상인에서는 독성이 없는 작은 용량의 약용식물이나 약제라 할지라도 대사 과정이 항진되어 그 중간 대사산물을 비정상적으로 진행시켜서 여러 가지 부작용을 초래할 수도 있다.

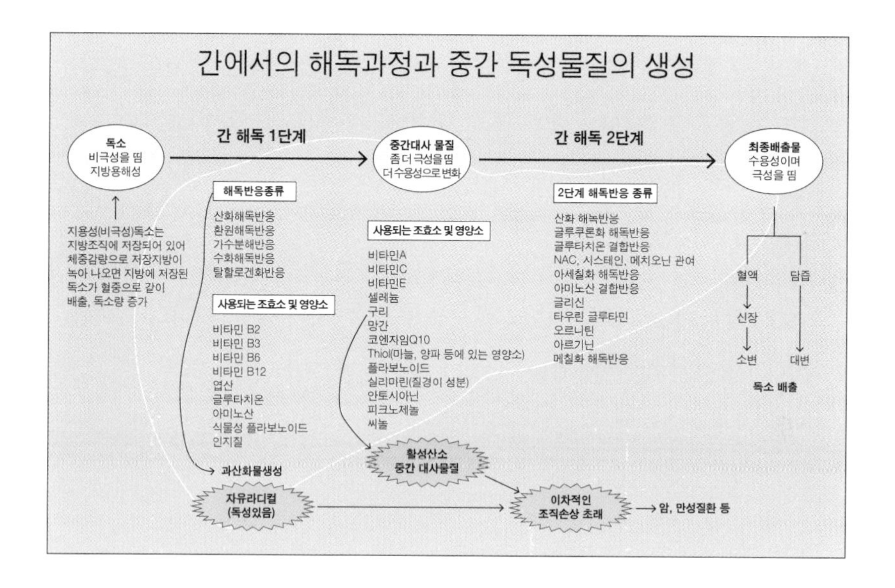

우리 몸에는 암이 없는 장기가 있는데 그곳은 바로 중추신경과 심장을 이루는 심근세포이다. 이 두 곳은 소아小兒때 이미 세포분열을 끝내고 더 이상 분열하지 않는다.

분열이 끝난 후에는 세포수의 유지가 매우 중요한데 잘못된 음식이나 스트레스로 인한 과다한 활성산소와 염증은 세포의 괴사를 일으켜 결국 신경과 장기의 기능부전으로 이어진다.

그런데 간장의 세포는 어느 정도 손상되거나 절단되어도 세포의 분열에 의해서 스스로 복제하여 세포수를 복원시키는 능력이 있다.

마치 도마뱀의 꼬리가 절단되어도 바로 재생시킬 수 있는 것과 같은 능력을 간세포는 가지고 있다. 하지만 너무 많은 세포가 파괴되면 복제 능력을 상실하게 되고 간경화를 거쳐서 간암 등으로 진행하게 된다.

그리고 간세포는 그 분열 능력이 탁월한 만큼 유전자의 복제가 수시로 일어나며 그만큼 돌연변이 암세포가 잘 생길 수 있다는 것도 시사해주고 있는 것이다. 따라서 소화기관을 통해서 들어오는 여러 가지 유해물질과 독성물질들은 간세포 복제에 영향을 미쳐서 잘못된 복제를 하게 만들고 그것이 반복되면 암을 일으키게 된다.

특히 우리 몸에서 소화기관을 통해서 우리 몸으로 들어오는 여러 가지 유해물질들은 활성산소와 염증을 일으키게 되고 이것은 간세포의 복원능력을 상실시키고 바이러스성 간염이나, 간경화, 간암으로 발전시키는 것이다.

씨놀과 간질환

간의 특성은 우리 몸에서 대표적인 해독기관으로 피를 맑게 하는 가장 중요한 장기이다. 그러나 반대로 간의 기능은 수시로 소화기관에서 들어오는 여러 가지 물질들로 인하여 가장 크게 영향을 받는 장기이기도 하기 때문에 활성산소와 염증 등이 수시로 발생될 수 있는 환경을 가지고 있다.

간에는 쿠퍼세포라고 하는 면역세포가 있는데 이것은 모세혈관 벽에 있는 돌기를 가진 대형의 세포로 골수에서 유래한 마크로파지가 간으로 이동하여 정착한 것이다.

식작용이 강하고 적혈구의 대식, 혈색소의 분해, 담즙색소 형성, 세균독소의 흡착, 고정 등의 작용을 한다. 이러한 쿠퍼세포의 기능이 활성화되기 위해서는 해독과정의 중간대사 물질이 잘 처리되어서 2단계로 진행되어야한다.

그런데 지나친 독성물질과 장으로부터 들어오는 여러 가지 내

독소들은 과도하게 활성산소를 일으켜 염증을 일으키게 되고 이것은 중간대사산물을 증가시켜서 우리 몸에 DNA를 손상시키는 치명적인 결과들 가져오게 된다.

씨놀의 대표적인 특성은 활성산소와 염증을 인체에 전혀 부작용 없이 줄여주는 역할을 하는 것이다. 따라서 씨놀을 수시로 섭취하게 되면 간의 해독능력을 고양시키고 혈액을 맑게 하고 장기능을 좋게 하여 간의 부담을 줄여주어 해독의 효능을 크게 올릴 수 있다.

아래의 실험은 20명의 남성(40~50)을 대상으로 40일 동안 씨놀을 섭취한 결과 간기능을 알리는 효소들의 수치가 크게 줄어든 것을 보여주는 실험데이터이다.

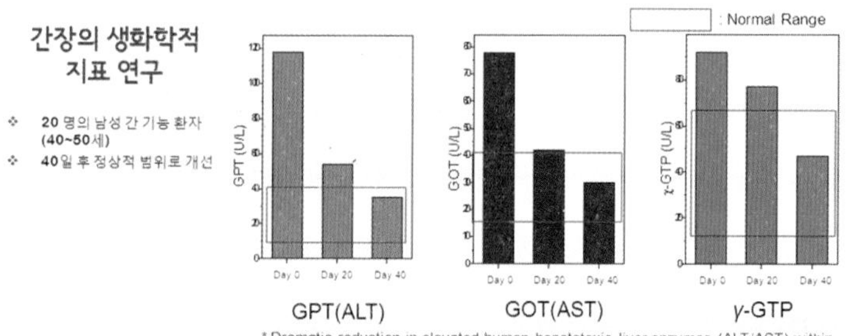

* Dramatic reduction in elevated human hepatotoxic liver enzymes (ALT/AST) within short timeframes. (a reduction of ALT-66% & AST-56%)
* 전반적인 간 기능 수치들이 40여 일만에 정상적 범위로 개선되었다.

간(Liver) 특허자료 : KR 574097, US 7234931, KR 495825(Medicinal Foods)

아래의 데이터는 오오사카대학의 식품영양학과 코지마교수팀의 씨놀 실험 데이터이다.

알코올성 간질환 예방 및 개선 효과

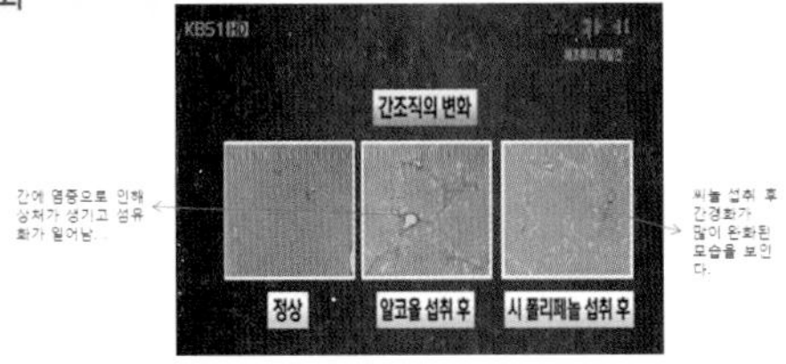

- 오사카시립대학 코지마교수팀 大阪市立大学

알코올성 간질환 예방 및 개선 효과

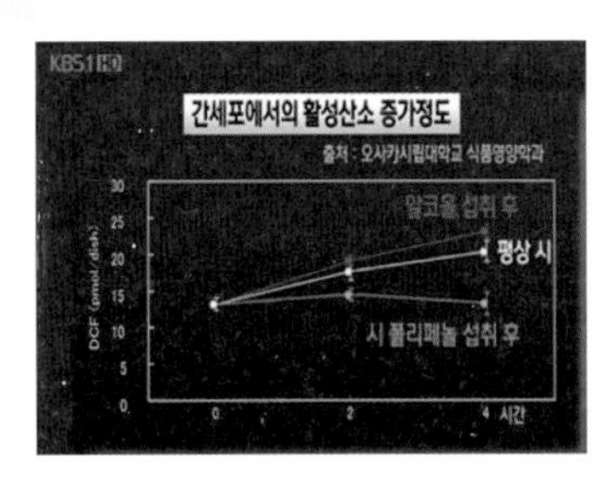

- 오사카시립대학 코지마교수팀 大阪市立大学

혈중알콜농도 (BAC) TEST
Impact on Blood Alcohol Concentration

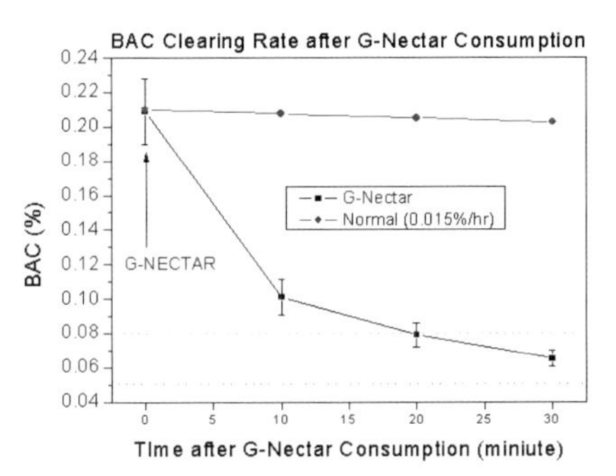

JPRD, USA-Nov.11, 2005

씨놀이 함유된 음료 G-NECTAR를 섭취 후 30분 후에 혈중 알콜 농도가 크게 떨어진 데이터이다.

6 여성건강을 위한 씨놀

필자가 영양상담을 하다보면 우리나라의 많은 여성들이 여성암이나, 근종 물혹, 갑상선 질환 등에 많이 노출되어 있음을 접할 수 있다. 특히 환경호르몬의 영향으로 여성암은 매년 급속도로 증가추세에 있고 그로 인하여 40대, 50대 여성들이 가족과 이별하는 안타까운 소식도 빈번하게 들려온다.

나와 오랜 세월 가깝게 지내던 의형이 계신데 몇 년간 소식이 없다가 궁금하여 소식을 물으니 얼마 전 형수님을 자궁암으로 먼저 보냈다는 소식을 접하고 무척 놀라고 슬픔 마음을 가누기가 어려운 적이 있었다.

평소에 농촌에서 공기도 좋고 농사는 직접 짓지는 않지만 건강관리에도 조예가 깊으신 분들이었는데 그런 소식을 들으니 더욱 놀라울 수밖에 없었다.

여성들에게 걸리는 여러 가지 질병은 몇 해 동안의 문제가 아니라 수십 년간 몸에 축적되어온 독성물질이 지방에 축적되어 있다가 어느 한계를 벗어나면 그것이 염증을 일으키고 종양으로 발전하여 여러 가지 여성 질환을 야기하는 것으로 보인다.

특히 여성들은 오랜 세월동안 청결과 미용을 위하여 두피와 피부에 계면활성제의 사용이 장기적으로 이루어졌고 석유화학 물질들로 만들어진 화장품류나 환경호르몬이 다량 방출되는 플라스틱류의 제품들을 사용해 왔다. 때문에 더욱 양성이나 악성 종양의 발생 가능성은 커지는 것 같다.

결국 여성 질환들의 주요 원인은 외부에서부터 인체로 투입되는 독성물질로 인한 만성염증으로 인하어 발생된다고 볼 수 있다.

남성과는 달리 여성호르몬 특히 에스트로겐은 환경호르몬 즉 외인성 내분비 교란 물질들로 인하여 우리 몸에서 에스트론겐과 프로게스테론의 불균형을 유도하여 여성암에 잘 노출 시킨다고 보고 되고 있다[03]. 특히 여성암중 유방암의 발생 빈도가 매우 높아지고 있는 추세인데 지방 조직이 많은 여성의 유방조직은 독성 물질을 저장하고 정체시킬 수 있는 가능성이 높아 환경호르몬에 대한 장기적인 노출은 암으로 이어질 확률이 매우 높다.

씨놀과 여성질환

서두에도 말했다시피 독소는 우리 몸에서 특히 지방조직에 많이 쌓일 수 있는데 지방조직이 분해되면서 그 독소가 혈액 속으로 풀려나오고 그 독소가 돌아다니면서 여러 가지 염증을 유발하게 되는 것이다.

염증은 피부에서 발생될 때는 심한 통증을 유발하지만 내부장기에서 발생될 때는 감각신경이 많이 발달되어 있지 않기 때문에 심한 통증은 못 느끼지만 몸에서는 종양으로 발전되어 점점 그 크기가 커져가서 암의 경우는 그 세포가 혈관을 따라 전이

03) 여성호르몬의 진실 존 R. LEE

되기도 한다.

씨놀은 독소로 인하여 발생되는 염증을 부작용 없이 잡아준다. 이러한 성질은 대표적인 씨놀의 특징이다. 염증을 잡고 있으면 몸에 독소가 많이 축적되어 있다고 해도 염증에서 종양으로 발전시키지 않는다. 그리고 독소가 많은 사람들은 몸이 대체로 차거워지고 체온이 저하되는 경우가 있다.

특히 여성들의 아랫배가 두툼하게 올라오는 것은 베가 차거워져서 지방이 쌓이는 것이고 그 지방 속에는 독소가 저장되고 여러 가지 염증 유발물질들을 지방세포에서 만들어 낸다.

씨놀의 특성 중 혈관의 확장기능과 따뜻한 성질은 전신에 피를 잘 돌게 하여 지방을 줄이고 염증을 억제하여 여성의 질병을 사전에 예방하고 활기찬 생활을 할 수 있게 해준다.

체온은 우리 몸의 효소작용과 면역작용에 가장 중요한 지표이다. 체온이 1℃ 내려가면 신진대사는 12%, 면역력은 30% 떨어진다는 연구도 있을 정도로 몸이 차면 여러 가지 질병에 노출된다.

체온을 올리는 데는 여러 가지 요법이 실행되지만 가장 중요한 것은 몸의 독소를 몰아내는 것과 말초 모세혈관의 순환력을 높여는 방법이 있다.

열을 일시적으로 밖에서 주입하는 형태로는 한계가 있다. 내부의 에너지 대사 즉 세포내의 미토콘드리아의 건강과 혈관의 건강이 선행적으로 개선되어야 근본적으로 저체온증을 개선시킬 수 있다. 체온이 올라간다는 것은 우리 몸의 면역력을 정상화한다는 것이다.

씨놀은 활성산소와 염증을 개선시키고 자신이 가지고 있는 따뜻한 성질로 말초 모세혈관을 크게 확장하여 심장의 따뜻함이 말초까지 전달되게 함으로써 저체온증을 근본적으로 개선시킬 수 있다.

여성분들 중 수족 냉증에 시달리는 분들이 많은데 씨놀은 이러한 분께 많은 도움을 줄 수 있으리라 생각된다.

7 신경통, 오십견, 테니스엘보 등 통증질환의 씨놀에 대한 기대

우리는 일상을 살면서 크고 작은 통증에 시달린다. 위의 질병들은 우리의 생활 속에서 흔하게 느끼는 통증으로 통증을 느낀다는 것에서는 유사하지만, 대부분 모두 각기 다른 기전에 의해 발생되는 통증관련 질환이다.

통증痛症, pain은 거의 대부분이 병적인 상태를 반영한다.

IASPInternational Association for the Study of Pain는 통증을 "실질적인, 또는 잠재적인 조직 손상과 관련된 감각적, 정서적으로 불유쾌한 경험"으로 정의한다. 이러한 통증은 잠재적인 손상이나 실질적인 손상과 같은 신체의 이상상태에 대하여 더 이상의 손상이 일어나지 않도록 경고의 기능을 하는 중요한 방어 기전의 일종이기도 하다.

통증의학이란 마취과학의 세부 분야 중 하나로, 환자들이 겪는 급성 통증과 만성 통증에 대해 연구하고, 통증이 있는 환자에게서 그것을 경감하는데 초점을 맞추고 있는 학문이다.

예전에는 이러한 통증을 특정한 질환에 따르는 하나의 증상일 뿐이라고 여겼으며, 이 질환을 치료하면 통증은 자연히 나아진다고 생각했다. 때문에 통증의 중요성에 대해 인식하지 못했었고, 학문의 발전 또한 매우 더디었다.

그러나 최근 통증이 있는 질환을 치료했음에도 불구하고 통증이 남아있고 통증이 또 다른 더 심한 통증을 유발하는 등의 현상을 관찰하면서, 통증에 대한 중요성에 대해 인식하게 되었다. 특히 급성 통증을 제대로 관리하지 못했을 때, 신경계의 변형 등이 일어나 만성 통증으로 진행되는 현상이나, 통증 그 자체만으로 이루어지는 질환이 발견되는 것 등이 통증의학의 관점이다.

- 네이버 백과 사전 통증의학 정의

통증은 대부분 염증과 신경이 관련이 되어 있다고 생각된다. 결국 통증은 인체가 생명에 위협을 느끼고 사전에 조직 손상을 최대한 막기 위하여 말초에서 신경을 통하여 뇌로 전달하는 신호로 통증을 느끼면 그 신호를 보낸 곳으로 보다 많은 혈액과 면역세포를 집중시켜서 문제가 확산되는 것을 막기 위한 신호이다.

그런데 이러한 통증은 우리를 괴롭게하기 때문에 병원에서는 소염진통제를 통하여 통증을 무조건 억제하려하고 있다. 이것은 몸의 문제점을 뇌가 모르게 해서 근본적인 문제의 해결을 회피하는 현상이다.

나병환자(문둥병)의 경우는 나병균이 신경말단을 파괴하여 섬세한 촉각이 없어져서 통증을 느끼지 못하는 병이다. 처음에는 나병균 때문에 손발이 썩고 얼굴이 뭉개진다고 생각했다. 하지만 영국의 정형외과 의사 폴브랜드는 나병은 나병균에 의해서 신경말단이 죽어버려서 통증을 느끼지 못하여 상처가 났을 때 그곳에 백혈구를 보내어 세균을 박멸하지 못하여 조직이 썩어가게 된다는 것을 발견하게 되어 문둥병의 치료율을 높이기도 하였다.

즉 몸에 통증을 느끼지 못한다는 것은 매우 위험한 현상이다. 하지만 무조건 통증을 방치하는 것도 위험한 방법이다. 통증이 심할 경우에는 대부분 심한 염증을 동반하는데 이러한 염증은 조직을 괴사시켜서 해당 장기의 기능부전을 일으킬 수 있기 때문이다.

흔히들 자연치유와 대체의학을 하시는 분들이 어떤 기능식품이나 해독요법을 실행했을 때 평소 아프지 않은 부위가 심하게 통증이 심해지는 경우에 좋은 현상이니 무조건 참으라고 하는 경우가 많은데 조직 내의 독성물질이 조직에서 빠져나와 다른 부위로 이동할 때 염증반응을 촉진시켜 일어나는 반응이므로 염증관리를 잘못하면 심한 부작용을 초래하게 된다.

통증은 동양의학에서는 기의 흐름이 막혔을 때 온다고 정의한다.

즉, "통하면 아프지 않고 막히면 아프다"라고 말한다. 실질적으로 한방적 치료는 대부분 기가 흐르는 통로인 경락과 경혈을 침이나, 뜸, 한방약을 통하여 기의 흐름을 원활히 하여 치료한다.

씨놀과 통증

씨놀을 주제로 한 과학카페(2009. 11. 7. 저녁 7시 10분 KBS 1TV)의 영상을 보면 한 수의사가 경주마의 관절통증을 씨놀크림을 발라주면서 관리하는 모습이 나온다.

그 수의사는 "씨놀 크림이 거친 운동을 하는 경주마의 경우 심하게 발생되는 활성산소로 인하여 근육경련이나 관절염이 자주 발생된다고 하며, 외국에서 수입되는 제품에는 멘솔이나 살릴산 등이 함유되어 있어서 경주 전 10일 전부터는 사용할 수가 없어서 말이 아파도 사용하지 못했는데 씨놀크림은 천연물질이고 도핑테스트에도 걸리지 않기 때문에 외국에서 수입되는 약 대신 사용하였더니 근육이완과 염증제거가 잘되어 효과가 너무 좋아지금은 거의 모든 마방에서 사용하고 자신도 아프면 바른다"는 이야기가 나온다.

씨놀의 대표적인 특징은 수용성 폴리페놀 뿐만 아니라 지용성 폴리페놀도 다량 함유되어 있어서 피부에 발랐을 때 진피층을 쉽게 통과하여 모세혈관을 통해 혈액을 따라 전신으로 퍼져갈 수 있어서 빠르게 염증을 제거할 수 있는 특징을 가진다.

수용성 폴리페놀의 경우는 피부에 발라도 지질층에 막혀서 흡수되기가 어려운 반면 씨놀은 쉽게 피부를 통과하여 염증을 약처럼 즉효성 있게 제어할 수 있다. 따라서 통증을 느끼면 백혈구 활동을 왕성하게 하여 문제를 해결하고 백혈구들이 세균을 죽이면서 발생되는 염증과 활성산소는 씨놀이 처리하면서 염증으로 인한 조직파괴의 부작용은 최대한 없애는 것이다.

또한 씨놀은 따뜻하고 강한 기를 가지고 있어서 막힌 경락과 경혈을 뚫고 가는 성질이 매우 강하다.

필자의 경험으로 70대의 노인 분이 씨놀 함량이 높은 제품을 드시게 하였는데 그 분이 며칠 후에 전화가 오셔서 '이 제품 때문에 병원에 입원하셨다'는 이야기를 한다. 그래서 왜 갑자기 입원하셨느냐고 물으니 '제품을 먹은 후 3일째 되던 날부터 허리가 끊어질 정도로 아프다'는 이야기였다.

그래서 자세히 물으니 사고로 심하게 다쳐서 수술을 여러 번 허리와 다리 부분을 하셨다는 것이었다. 그래서 제품을 최대한 줄이고 물 섭취를 증가시켰다.

그런 후 나는 곰곰이 생각하게 되었는데 그 이유는 한가지 밖에 설명할 수밖에 없었다. 씨놀의 강한 에너지가 수술로 절단된 경락을 자극하면서 신경에 압력을 가중시켜서 뇌에서 느끼는 통증을 증폭시킨다는 생각이 들었다. 이런 나의 생각은 검증된 것은 아니지만 씨놀의 그 동안의 특성을 살펴보면 충분히 가능한 이야기 일 수 있었다.

그래서 잠시 줄이면서 처음부터 많은 양을 투입하기보다는 매우 적은 양부터 서서히 시간을 두고 증가 시켜갔다. 그 결과 통증도 거의 없어지고 지금은 주위에서 요즘 왜 이렇게 젊어졌느냐는 인사를 듣는다고 하시며 지금은 씨놀 제품의 매니아가 되셨다.

이렇듯 씨놀은 염증을 억제하는데 약의 성분을 대용할 만한 효능을 가지며 동시에 천연물질로써 기의 순환을 촉진시켜서 막힌 혈과 경락을 열어 통증을 제거할 수가 있다.

미국의 Robert Jay Rowen's 박사는 씨놀 관절크림에 대하여 자신의 홈페이지에서 다음과 같이 적고 있다.

"강력한 관절크림이 어떠한 부작용도 없이 vioxx나 셀레브렉스celebrex보다 우수한 기능을 가진다."

2년 전 당신은 씨놀이라 불리는 바다로부터 온 아주 놀라운 제품에 관한 소식을 처음 접하였을 것이다. 씨놀seanol은 한국의 해안가에서 자라나는 갈조류감태, Ecklonia cava로부터 발견되는 바이오플라보노이드폴리페놀, polyphenols의 일종이다. 한국인들은 오랜 세월 동안 이것을 음식재료로 사용해 왔다. 그러나 씨놀을 발견한 이행우 박사는 그것이 평범한 음식이 아니었다는 것을 발견하였다.

이행우 박사는 감태에서 이제까지 인간들이 접해왔던 그 어떤 폴리페놀보다 훨씬 복잡하고 강력한 폴리페놀을 생산해 낸다는 것을 발견하였다. 그런데 이러한 폴리페놀로 만들어진 건강기능식품은 내가 접했던 것 중에서 최고의 강력한 항산화제였다.

지금 이행우 박사는 관절통증을 경감시킬 수 있는 믿기 어려운 약속을 지키기 위한 포뮬라를 발전시켜 오고 있다. 그러면 더 이상 부작용이 많은 관절약이나 의사가 필요치 않을 것이다. 사실 아무것도 먹을 필요가 없다,

그 이유를 지금부터 제가 설명해 드리겠다.

씨놀은 수용성과 지용성의 두 가지 특성을 동시에 가지고 있는 폴리페놀의 혼합물이다. 후자인 지용성 폴리페놀은 여러분의 뇌로 들어갈 수 있다는 것을 의미한다. 그리고 전자인 수용성 폴리페놀은 당신의 몸 안에 쉽게 흡수되고 당신의 몸속의 일반적인 물속에 자연스럽게 사용된다.

그러나 이행우 박사의 최근 혁신적인 연구는 이 두 가지 형태를 분리하는 것이었고 그리고 지용성 폴리페놀을 농축시키는 것이었다. 그는 그것을 마이톨[mitol]이라고 이름 지었다.

그것을 품질이 높은 크림으로 만들었을 때 지용성 폴리페놀은 쉽게 피부를 통과해서 몸속으로 흡수해 들어간다. 그것은 직접적으로 염증이 있는 곳으로 뚫고 들어가 그것에 바로 작용한다. 이러한 작용은 당신의 피부염, 관절염, 근육통(섬유근육통), 인대나 힘줄 통증 등에 적용될 수 있다.

우리는 지금 이행우 박사에게 감사하고 있고, 마이톨은 염증을 조절하는 데 놀라운 힘을 가지고 있다. 제가 전에 설명 드렸다시피 염증은 통증, 조직손상, 노화, 조직 파괴의 근원이다. 어떻게 하나의 보충제가 그렇게 많은 것들을 가능하게 할 수 있을까?

매일 당신의 몸속에서 일어나는 마모, 찢어짐, 상처는 염증을 촉진시키는 효소를 매일 방출시키게 된다. 염증이라고 모두 나쁜 것만은 아니다. 그것은 당신 몸속의 고장, 제거, 손상된 조직이나 낡아빠진 세포의 수리의 방법이기도 하다.

그러나 문제는 염증이 수리나 대체 쪽보다는 몸에 이상을 일으키는 쪽으로 일관적으로 작용될 때가 문제이다.

예를 들어 만약 염증이 당신의 관절에서 일어난다면 당신의 관절의 연골을 녹일 것이고 신각한 손상과 통증을 일으키게 될 것이다. 당신의 피부에서는, 염증이 당신의 콜라겐을 분해해 버리고 피부를 얇게 하며 발진이 일어나게 한다.

이러한 당신의 연골과 피부에서의 염증촉진 효소와 노화에는 몇 가지 중요한 것이 있다. 그 한 가지는 cox-2 효소이다. 그것은 cyclooxygenase이고 강력한 염증 촉진 효소이다.

이행우 박사는 약 400명의 환자를 대상으로 마이톨 피부크림을 적용하여 연구해보았다. 연구 결과는 많이 알려지고 비싼 약인 '셀레브렉스celebrex보다 효과적이다'라는 것을 증명하였다.

연구자들은 각각 200 명씩 동일한 그룹으로 나누어서 먹는 셀레브렉스와 마이톨을 비교 실험하였다. 그런 후에 관절염의 4가지 요소에 대하여 측정하였다.

통증, 경직감, 물리적 기능, 합성점수composite score.

6주 후의 결과는 마이톨이 셀레브렉스보다 우수하다는 결과였다.

나는 'NSAIDs(비스테로이드성 소염 진통제)는 오늘은 당신에게 통증을 줄여줄 수 있지만 내일은 그것이 당신의 연골을 실질적으로 파괴시킬 것입니다'라고 당신에게 줄곧 말해왔다.

약과 달리 자연적으로 만든 영양제들은 당신의 치유경로에서 밸런스가 최적화 되도록 돕는다. 약은 철로 된 해머와 같다.

과거에는 관절통증 치료를 위하여 히알루론산hyaluronic acid에 대하여 당신에게 말해왔다. 악화되는 연골을 보호하기 위하여 일반 의사나 대체의학의 의사들은 히알루론산 주사제를 무릎이나 엉덩이 관절에 투입시켰다.

당신은 하이루론산의 증가를 위하여 값싸고 통증이 없는 길이 있는데 왜 비싼 주사제를 통하여 해야만 하는가? 마이톨은 히알루로나다제hyaluronidase라고 불리는 효소를 차단한다. 이 효소는 히알루론산을 분해시킨다. 그래서 히알루론산을 주사제로 투여하는 대신에 마이톨은 당신 몸의 생산물인 관절 윤활제를 증진시켜서 당신에게 보다 안전하고 쉬운 길을 제시한다.

왜 마이톨이 그렇게 효과적인가?

이행우 박사는 이러한 의문에 답을 얻기 위하여 쥐 실험을 하였다. 그의 연구자들은 UVB 자외선을 쥐의 피부에 조사하여 염증을 유발시켰다. 이러한 조사 램프는 COX-2 효소를 증가시켰다. 그런 후 그들에게 마이톨을 주었고 마이톨을 바르고 난 후 70%까지 COX-2 효소 활성화가 줄어들었다.

다른 말로 하면 당신은 관절의 통증을 줄이기 위하여 COX-2 억제제의 약을 먹을 필요가 없다는 것이다. 단순하게 자연 크림이 독성이나 부작용 없이 보다 효과적으로 약을 대신할 수 있다는 것이다.

그것이 관절통증을 줄일 수 있는 방법이다. 그러나 이행우 박사는 마이톨이 당신의 피부에도 도움을 줄 수 있다는 것을 발견하였다. 사실 이행우 박사는 마이톨이 실질적으로 쥐 실험에서 피부암을 막았다는 것을 발견하였다. 그리고 피부암을 가지고 있는 이러한 쥐 실험에서 그들의 종양의 크기를 43%까지 줄일 수 있었고, 세포분할을 60%까지 억제하였다. 그리고 먹는 것과 바르는 것 모두 효과적이었다.

마이톨은 실질적으로 당신 피부의 노화에 따른 주름과 늘어짐을 되돌리거나 막을 수 있다. 그리고 그것은 염증의 주요 효소인 MMP[matrix metalloproteinase]를 80%까지 억제한다. 이것은 항생제인 doxycycline와 견줄만하다.

MMP는 당신의 콜라겐을 분해시킨다. MMP는 노화와 햇빛 손상, 다른 염증촉진자로 증가한다.

마이톨은 TNF 알파[종양괴사인자 tumor necrosis factor alpha]라고 불리는 높은 염증촉진 화학물질을 억제한다. 그것은 iNOS[inducible nitric oxide synthetase]라고 하는 높은 염증효소를 90%까지 억제한다.

마이톨은 또한 엘라스타제라고 하는 효소를 억제한다. 이러한 효소들은 당신 피부의 탄성 단백질을 지속적으로 분해시킨다.

마이톨은 아주 강력한 활성산소 소거력을 가지고 있다. 그리고 씨놀의 복잡한 화학구조 때문에 바이오플라보노이드 중 가장 높은 항상력을 가진다.

그것은 8개의 폴리페놀 링을 가지고 있고, 그것은 어떠한 폴리페놀보다도 강하다. 그것은 아주 강한 항박테리아성을 가지고 있다. 그리고 또한 순환을 촉진한다.

나는 앞에서 마이톨이 히알루론산을 분해하는 효소를 억제한다고 언급했다. 관절건강에 더 부가적으로 말씀드리고 싶은 것은 이러한 히알루론산은 당신의 피부의 수분을 유지하는데 필수적인 것이다. 히알루론산이 줄어든다는 것은 수분이 줄어든다는 말이다. 그래서 마이톨은 당신의 피부를 촉촉하게 유지시켜 주는데 여러 가지 경로로 작용한다.

어떻게 그것이 잘 작용하는가? 마이톨로 처리된 피부사진을 보면 미세 피부주름의 제거가 증명되었다. 그리고 노인반점도 제거되는 능력도 보였다. 이것은 높은 항산화력에 기인하는 것으로 보인다.

Dr. Robert Jay Rowen's

SECOND OPINION

Vol. XIX, No. 6 June 2009

HEALTH NOTES

Does this Supplement Protect Your Heart Better Than Resveratrol?

You've probably heard of the "French Paradox." In France, where heavy fat-laden food is common, there's less heart

Powerful Joint Cream Works Better Than Vioxx or Celebrex — Without the Side Effects

8 수면의 질을 높이는 씨놀의 작용

건강의 5요소를 말한다면 음식, 운동, 물, 공기 그리고 수면이다. 수면은 낮 동안 대사활동을 통해 만들어진 여러 노폐물을 체외로 배출하고 인체에 필요한 호르몬과 효소들을 만들어내는 중요한 행위이다. 우리 뇌속의 송과체는 낮에는 세로토닌을 밤에는 멜라토닌을 분비하여 충분한 수면으로 인체를 정화하고 에너지를 재충전한다.

옛 성현들의 가르침에 '일찍 자고 일찍 일어나는 것이 어느 보약보다 낫다'라고 한 것은 현대 과학적으로 보아도 매우 타당성이 높은 이야기이다. 그런데 현대인들의 삶은 늦게 자고 늦게 일어나는 습관과 아니면 늦게 자고 일찍 일어나면서 만성적인 수면부족 상태에 빠져 있다. 그리고 생활 속의 여러 가지 스트레스로 인하여 다양한 수면장애가 나타나고 있다.

수면장애는 불면증, 기면증, 하지불안증, 코골이와 수면 무호흡증 등이 있다. 불면증은 주로 잠들기 힘들거나 잠을 들어도 자주 깨는 경우, 새벽에 너무 일찍 잠에서 깨어나는 증상이 있는 상태를 말한다.

기면증은 야간에 6시간 이상 충분한 수면을 취함에도 불구하고 낮에 늘 졸리는 상태를 말한다.

하지불안증은 잠들 무렵 종아리 부근에 무언가 말로 표현하기 힘든 불편감이 있어서 잠들기 어려운 상태를 말한다. 코골이 수면 무호흡증은 수면 중 심한 코골이로 무호흡 상태가 하루에 40회 이상 지속되어 산소 부족으로 인하여 낮 동안 늘 졸리는 상태를 말한다.

이러한 수면장애의 원인은 여러 가지가 있지만 심리적 불안감과 스트레스 등이 원인으로 주로 발생하는 것으로 알려져 있다.

필자가 아는 의사 한분이 자신의 병원에 내원하는 환자에게 평소 수면제를 먹지 않으면 잠을 잘 이루지 못한다는 이야기를 듣고 씨놀 성분이 들어 있는 치약을 환자에게 써보라고 권유하였는데 2년 동안 사용하던 수면제를 먹지 않아도 잠을 잘 잘 수 있었다고 내게 치약이 좋다고 말을 전한 기억이 난다.

씨놀의 특성을 연구한 논문 중에 씨놀 섭취 후의 뇌파를 측정한 데이터에서는 유의적으로 명상 상태와 부교감 신경지배하에서 잘 발생되는 알파파가 유의적으로 증가되었다는 보고가 있다.

스트레스를 받으면 코티졸수치가 올라가는데 코티졸은 수면을 촉진하는 알파파의 활동을 억제한다. 알파파가 부족하면 깊이 잠들지 못하고 자주 꿈을 꾸고 피로감을 많이 느낀다.

씨놀은 뇌를 통과하여 뇌의 기능저하를 촉진하는 산화물질을 제거한다. 씨놀은 연구결과에 의하면 알파파를 활성화시켜서 숙면을 유도하고 기억력 증진에 도움을 주는 아세틸콜린의 분비를 촉진시킨다.

다른 동물mice 실험연구에서는 수면시간sleep duration과 잠에 드는 시간을 뜻하는 수면 잠복기sleep latency가 대조군에 비하여 씨놀의 용량을 많이 섭취할수록 수면시간은 길어지고 수면잠복기는 짧아진다는 연구결과를 발표하기도 하였다.

씨놀 투입 전후의 Alpha(α) 파 증가도

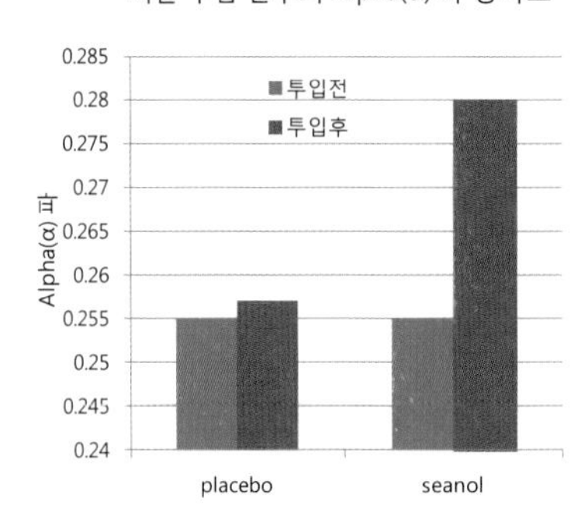

씨놀 투입 전후의 Alpha(α) /beta(β)파 의 변화

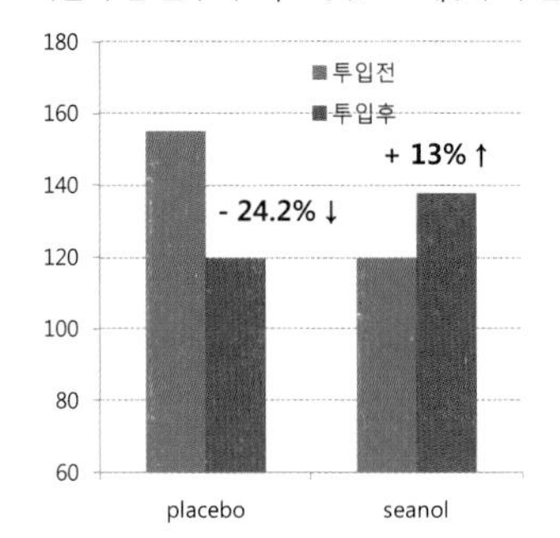

사용기기 : EEG(QEEG-4 from LAXTHA)
참가자: 46명(20~60세)

두뇌로의 원활한 에너지 공급 및 노폐물 제거에 의한 두뇌의식 상태를 뇌파상태의 측정을 통해 관찰했다.
알파파는 두뇌의 평온한 집중상태의 증가를 베타파는 평상시의 산만한 의식상태를 의미한다.
섭놀 섭취가 알파파의 증가와 베타파의 감소를 유도함을 볼 수 있다.

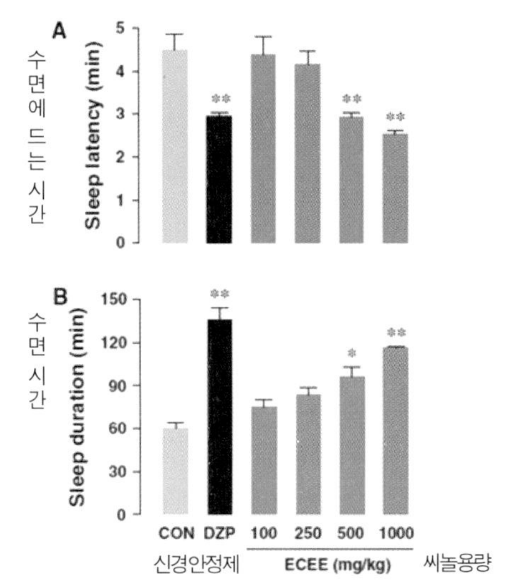

Fig. 1. Effects of an *Ecklonia cava* Enzymatic Extract (ECEE) on the Sleep Latency (A) and Sleep Duration (B) Induced by a Hypnotic Dose (45 mg/kg, i.p.) of Pentobarbital in Mice.

The mice received pentobarbital 45 min after the oral administration of a 0.5% CMC-saline solution (10 mL/kg, control group (CON)), diazepam (DZP, 2 mg/kg), and ECEE. Each column represents the mean ± SEM value (n = 10). $^*p < 0.05$ and $^{**}p < 0.01$ indicate statistically significant values compared with the values for the CON group (Dunnett's test).

비교군에 비하여 씨놀이 용량 비례적으로 수면에 드는 시간과 수면시간이
신경안정제와 유사한 결과를 보였다.

출처 : Depress Effects on the Central Nervous System and Underlying Mechanism of Enzymatic Extract and Its Phlorotannin-Rich Fraction from Ecklonia cava Edible Brown Seaweed, Biosci. Biotec. Biochem, 76(1), 163-168, 2012

mbc 뉴스 2015.3.11. 일자 방송내용 보기

바빠서, 스트레스 때문에, 잘 못 주무시는 분들 많으시죠. 국내 연구진이 해조류 감태에서 추출한 물질로 수면 개선식품을 개발하는데 성공했습니다. 오상연 기자가 보도합니다.

◀ 리포트 ▶

20분 안에 잠들지 못하거나 자다가 두 번 이상 깨는 날이 일주일에 나흘 이상이면 불면증입니다.

◀ 이선희 ▶

"스트레스 받는 일이 있었거든요. 그때부터 밤에 그 일을 생각하면, 잠이 안 오죠."

국내 불면증 환자는 최근 4년간 연평균 12%씩 급증하고 있지만, 수면제는 부작용 우려 때문에 복용이 망설여집니다.

◀ 한진규/신경과 전문의 ▶

"수면장애 비율이 올라가면 감정 기능이 떨어지고 우울증이나 불안증, 공황장애 비율도 올라가게 됩니다."

한국식품연구원 연구 결과 감태 추출물을 불면증 환자들에게 일주일간 하루 500mg씩 먹였더니, 뇌파 흐름이 수면을 방해하는 각성파에서 깊은 잠을 자는 안정파로 바뀌었습니다.

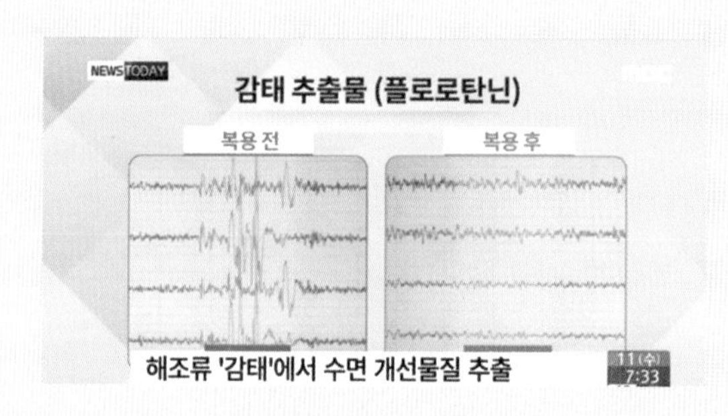

◀ 양혜진/한국식품연구원 연구원 ▶

"해조류뿐만 아니라 다소비식품이라든지 육상식물 중에서도 저희가 탐색을 해서 수면증진기능성 식품을 찾아서…"

감태 추출물은 국내에선 처음으로 수면 개선 건강기능식품으로 인정받아 오는 5월 시판에 들어갑니다. 연구진은 그러나, 일상생활에서 감태를 많이 먹는 정도로는 수면개선 효과를 기대할 수 없다고 설명했습니다. MBC 뉴스 오상연입니다.

9 피부를 젊게 하는 씨놀

피부의 탄력이 떨어지고 주름이 늘어나는 이유는 햇빛 자외선과 내부의 항산력의 부족 때문이다. 항산력이 부족하면 산화적 스트레스(활성산소)가 늘어나서 세포의 DNA의 손상과 단백질의 손상, 염증을 촉발시키는 효소를 분비시켜서 피부의 만성염증을 촉진시킨다.

만성염증은 엘라스타제와 히알루로니다아제hyaluronidase, 단백질분해효소MMPs, 생체 내에서 염증 반응에 동반하는 일산화질소NO 생성을 담당하는 효소iNOS의 증가와 노화촉진, 말초혈액순환의 저하로 인하여 발생된다.

그로 인하여 피부의 기질에 문제를 야기 시켜서 피부의 탄력을 떨어트린다.

엘라스타제는 피부진피에 존재하며 피부의 탄력을 유지하는 엘라스틴을 분해하는 효소이다.

히알루론산hyaluronic acid는 동물 등의 피부에 많이 존재하는 생체 합성 천연 물질이다. 수산화기-OH가 많기 때문에 친수성 물질이며, 동물 등의 피부에서 보습 작용의 역할을 한다.

인간의 피부에도 존재하며 히알루로니다아제는 히알루로산

가수분해 효소로 히알루론산을 피부에서 줄어들게 하여 피부의 탄력을 저하시키는 물질이다.

씨놀은 피부 노화의 주범인 자외선UVA 및 UVB에 의한 산화적 스트레스나 항산화력 저하에 따른 피부의 만성염증을 줄일 수 있는 특성을 모두 가지고 있다.

씨놀의 대표적인 특징이 강력한 슈퍼 항산화력과 염증제거용약보다도 우수한 특성을 가지고 있기 때문에 피부탄력과 노화를 촉진하는 모든 요소를 억제할 수 있으리라 생각 된다. 따라서 씨놀 성분은 피부의 노화 방지 및 피부 질환의 개선에 도움이 될 수 있는 것으로 보인다.

피부개선을 위한 연구 논문들

미국 오하이오 주립대 의대 게리 스토너Gary D. Stoner 교수팀의 연구 결과에 따르면 생쥐의 피부를 26주간 반복적으로 자외선에 노출시키는 실험에서 씨놀을 섭취할 경우, 염증성 단백질인 COX-2 및 iNOS의 억제와 피부암 발생이 현저하게 감소되는 것을 보고하였다.

출처 : Hwang H, Chen T, Nines RG, Shin HC & Stoner GD. 2006. Photochemoprevention of UVB-induced skin carcinogenesis in SKH-1 mice by brown algae polyphenols. Int J Cancer 119:2742-2749.

UVB에 노출된 인체 섬유아세포에 씨놀의 주성분인 eckol 또는 dieckol을 처리할 경우, 세포 내 활성산소를 감소시키고 세포 생존율을 증가시키는 것을 관찰하였으며, 특히 dieckol이 UVB에 의한 DNA 손상을 대폭 줄여주는 효과를 관찰하였다.

출처 : Heo SJ, Ko SC, Cha SH, Kang DH, Park HS, Choi YU, Kim D, Jung WK, Jeon YJ. Effect of phlorotannins isolated from Ecklonia cava on melanogenesis and their protective effect against photo-oxidative stress induced by UV-B radiation. 2009. Toxicol In Vitro.23:1123-1130.

세계 최대 화장품 회사의 과학자인 Saeki Y 등은 씨놀이 UVA 및 UVB에 노출된 인체 유래 피부세포에서 MMP-1, 2 및 9의 활성을 감소시키는 효과가 뛰어남을 보고하였다.

출처 : Saeki Y, Nishiura H, Tanaka K, MMP Inhibitory Action of Seanol. Fragrance Journal 37(4):94-96(2009)

씨놀의 주성분인 플로로탄닌이 어떤 메커니즘으로 효소활성을 저해하며 어떠한 이유로 dieckol이 가장 좋은 활성이 나타나는지에 대한 정확하지는 않지만 단 dieckol이 가장 분자량이 큰 것으로 보아서 탄닌이 효소와 착물을 이루는 친화도와 관련이 있음을 추측할 수 있다.

전체적으로 보면 씨놀은 피부노화 요인으로부터 발생하는 피부 탄력 저하나 주름을 막아주는 특성을 모두 가지고 있어서 피부의 노화방지에 매우 탁월한 기능을 가질 것으로 보인다.

씨놀의 구성 성분인 dieckol 및 7-Phloreckol이 강력한 멜라닌 생성에 결정적인 효소인 티로시나아제tyrosinase억제 효과도 밝혀져, 피부 미백 및 기미 발생 방지효과도 기대할 수 있다.

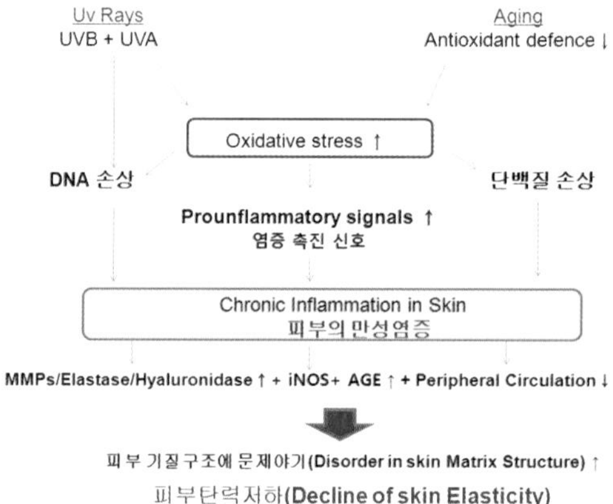

10 성기능 향상과 씨놀

당뇨합병증과 혈관질환 그리고 갱년기를 거치면서 성인들의 성적 욕구 및 기능이 줄어드는 분들이 많다. 씨놀을 통한 성기능 향상에 관한 연구가 많이 진행되었는데 실험결과에서는 81%의 기능향상을 보이는 것으로 나타났다.

필자의 지인 중에 10여전에 대기업을 퇴직하시고 건강기능식품 판매점을 운영하시는 분이 계셨다. 그분은 그 당시에 나에게 무언가 남성들 성기능에 굉장히 탁월한 제품이 있다고 소개해 준 기억이 난다.

그 분의 이야기는 70대 노인이 어느 날 지인을 찾아와서 자신의 성기능을 살려주면 크게 보상하겠다고 해서 당시 섹소스라는 제품을 전해 드렸다고 한다. 그런데 그분이 한 달 정도 드시고 효과가 없다고 반품을 하시겠다고 전화가 왔다는 것이다.

그래서 지인이 그러지 마시고 혈관을 개선하는 데에는 최소한 6개월 정도가 걸리니 저를 믿고 꾸준히 드셔보시라고 권했다고 한다. 그 일이 있은 후 그 분은 지인을 믿고 6개월 동안 꾸준히 드셨는데 정말 6개월 후에 소식이 와서 성기능이 되살아났다고 고맙다는 인사를 들었다는 이야기를 들은 바 있다.

10여전의 씨놀의 연구자료를 보면 비아그라와 씨놀의 성능을 비교하기 위하여 한국의 고려대학교 의과대학에서 임상연구를 진행한 내용이 있다.

그 내용을 살펴보자.

보도일자 : 2002-10-08
주 제 : 보도자료 보도지 한국경제 보도종류 신문
제 목 : 성기능 개선효과 천연물질 개발. 고대 안암병원

성기능 개선효과 천연물질 개발. 고대 안암병원

국내 바이오벤처기업이 개발한 천연생리활성 물질이 성기능 개선에 효과가 있는 것으로 임상시험 결과 나타났다.

벤트리는 최근 자체 개발한 천연생리활성 물질 "VNP54"를 고대 안암병원 비뇨기과에서 임상시험한 결과 기존 성기능 개선 의약품에서 나타나는 부작용이 없이 성기능 개선효과가 우수한 것으로 입증됐다고 8일 밝혔다.

VNP54는 해조류에서 추출한 것으로 천연 항산화 성분을 갖고 있어 노화방지와 혈류 개선에 효과가 있는 물질로 벤트리가 개발한 것이다.

임상시험을 진행한 고대 안암병원 김제종, 이정구 교수팀은 이 물질을 지난 4월부터 발기부전 증상이 있는 남성 31명에게 6주간 투여한 결과, 25명(81%)에게서 성기능 개선 효과가 나타났다고 설명했다.

교수팀은 특히 기존 성기능 개선 의약품이 얼굴 화끈거림이나 두통 등의 부작용을 보이는데 반해, 이 물질은 부작용이 전혀 나타나지 않았다고 말했다.

교수팀은 특히 이 물질이 발기를 일으키는 혈관의 기능과 조직을 근본적으로 회복시킴으로써 장기적인 효과도 기대할 수 있다고 덧붙였다.

이정구 교수는 "VNP54에 함유된 천연성분들은 음경조직내 혈관기능을 근본적으로 회복시켜 독성이나 부작용 없이 발기기능을 개선시키는 것으로 밝혀졌다"고 말했다.

벤트리는 이 물질을 이용한 성기능 개선제 "섹소스Sexos"를 개발, 현재 시판중이다.

당시의 기사내용의 진위여부는 현재로써는 입증할 수 없지만 다른 자료를 보면 발기부전 치료제인 비아그라보다도 우수하다는 식의 광고를 하여서 식약청으로부터 시정 명령을 받고 임상시험 논문의 진위여부 때문에 논란이 된 기사내용도 보인다.

이것은 건강식품을 치료제인 약과 비교한다는 식의 내용이었는데 그 이후로 이 제품을 개발한 회사는 법정싸움에 휘말려 2년 이상을 고분 분투하였고 법정싸움은 승리했지만 회사는 영업을 할 수 없는 상황이었기 때문에 중단된 아픈 사연도 개발자인 이행우 박사의 씨놀스토리에서 엿볼 수 있다.

성기능 관련 임상연구결과 31명을 대상으로 8주간 씨놀을 하루 720mg을 투여하여 IIEF(국제 발기기능 척도International Index of Erectile Function 스코어)의 측정결과, IIEF 스코아가 25% 이상 증가한 사람이 81%에 달했고 토탈 평균 IIEF 점수는 29.1 ± 13.1에서 47.0 ± 14.5로 약 62% 개선되었다.

IIEF의 스코어를 5개의 그룹(OF오르가슴, EF발기능력, OS전체만족감, SD섹스욕구, IS상호만족감)으로 나누어서 8주 동안 실험한 결과 평균 IIEF의 스코어가 통계적으로 유의적인 증가가 나타났다.

개선 정도는 OF(87%), IS(74%), 발기기능(66%), OS(62%), SD(20%) 순이었다. IIEF 스코어 중 삽입빈도와 삽입 후 유지시간에 대한 개선이 각각 74%, 77%로 개선된 것으로 나타났다.

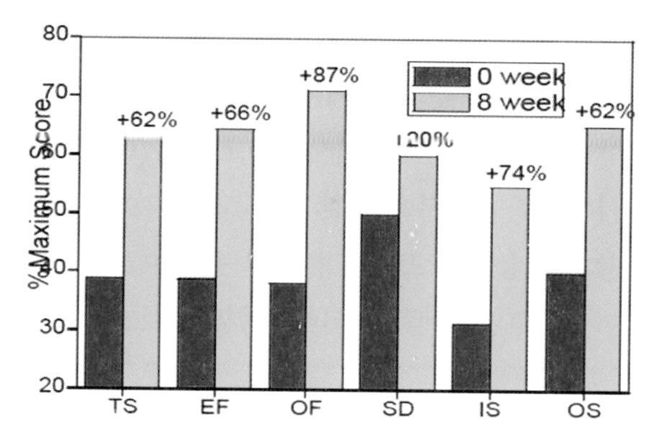

OS : 오르가슴, EF : 발기력, OS: 전체 만족감, SD: 섹스욕구, IS: 상호 만족감

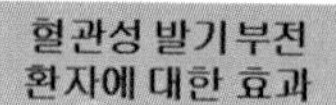

- 심혈관 기능의 지표인 발기기능 개선 효과 평가
- 측정방법: IIEF (International Index of Erectile Function)

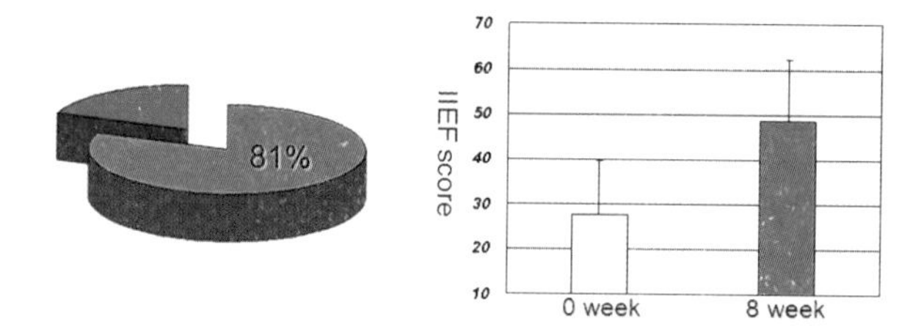

8주간 SEANOL 섭취 후 임상 참가자의 81% 에서 발기기능 개선

*source Dept Urology Medical School Korea Univ

음경에서 발기가 되기 위해서는 발기에 관여하는 음경해면체, 신경, 혈관, 및 호르몬이 전부 정상적으로 작동되어야 정상적인 발기가 비로소 이루어진다.

그 중 음경 해면체 중앙에 위치하는 작은 혈관인 음경 동맥이 성적자극으로 흥분되어 확장되고, 음경 해면체 내로 혈류량이 증가하여 음경 해면체 내에 혈액이 가득하게 되어 발기가 일어나게 된다.

그리고 발기가 성관계 동안 유지되기 위해서는 음경 동맥으로 유입된 혈액이 정맥을 통해서 바로 배출되지 않고 일정시간 머물러야만 충분히 발기 유지가 된다.

즉, 발기의 시작 및 유지는 음경동맥을 통하여 충분히 혈액이 유입되어야 하고, 유입된 혈액은 혈액으로 충만된 음경해면체가 음경 정맥을 압박해서 음경 정맥으로 혈액이 유출되지 않아야 발기 유지가 오래 지속 된다는 것이다. 그러나 음경 동맥으로 혈액 유입이 적거나, 음경 정맥을 통한 혈액의 유출이 유입량에 비해서 같거나 많으면 발기 유지가 어려워진다.

이렇게 발기의 시작 및 유지 전 과정 동안 음경의 동맥혈관은 가장 중요한 역할을 하게 된다.

음경 해면체 동맥은 평상시에 5mm 정도로 매우 작은 혈관이라서 만약 당뇨, 고혈압, 고지혈증, 산화적 스트레스 등이 지속되면 쉽게 혈관의 탄력도가 떨어지고 혈류흐름에 이상을 초래한다.

죽상동맥 경화증[04]으로 인하여 해면체 동맥의 혈관내경이 50%정도 감소하게 되면 발기부전이 발생한다.

그런데 씨놀이 성적 기관을 담당하는 여러 일반적인 혈관조건의 정상화에 기여한다는 것이 증명되었다. 즉 씨놀을 오랫동안 투여하면 혈관의 산화적 위험요소를 중화시키는데 유의적으로 기여한다는 것이다. 그러므로 씨놀은 음경동맥뿐만 아니라 성적 기능을 담당하는 신경, 근육을 둘러싸는 말초혈관의 혈액순환을 개선시켜 성적기능을 향상시킨다는 것이다.

그리고 아무런 부작용이 없다는 것도 증명되었다. 따라서 발기기능의 증가뿐만 아니라 혈관시스템의 일반적인 보호에 대한 천연적 예방제로써 전망이 밝다고 할 수 있다[05].

---

04) 대나무죽순처럼 혈관 내에서 자라난다고 하여 죽상동맥 경화증이라고 했으며 이것의 발생 및 진행하는 과정은 먼저 혈관 내경에 존재하는 혈관 내막이 손상을 입게 되면 염증을 유발하고, 염증 시에 분비된 여러 가지 생물학적인 활성을 가진 물질에 의하여 혈관 내 평활근이 과증식하게 되고, 혈액 내에 콜레스테롤이 혈관 내에 침착하게 되어서 동맥의 협착 또는 내경의 감소가 발생하게 된다.

05) Antioxidative Properties of Brown Algae Polyphenolics and Their Perspectives as Chemopreventive Agents Against Vascular Risk Factors. K. Kang, Y. Park, H.J. Hwang, S.H.Kim, J.G. Lee, H-C Shin. Archives of Pharmacal Research Vol. 26, No. 4, 286-293, 2003

종합적으로 성기능 개선과 씨놀의 관련성을 살펴본다면 씨놀이 가지는 여러 가지 기능은 망가진 혈관을 복구하고 혈액의 질을 개선하는데 맞추어져 있다. 따라서 남성들의 발기부전이나 여성들의 냉대하와 같은 질병들은 모두 혈액순환 장애와 관련이 매우 높아서 씨놀은 성기능개선에 매우 유용하리라 생각된다. 필자가 전달해준 지인들도 남성들의 경우 아침에 힘이 달라졌다고 하시는 분들이 많으셨고, 부부생활이 좋아졌다는 분들도 있었다.

7장

세계적으로 인정받는 씨놀의 위력

1 의학 전문가들의 의견

세계적으로 인정받은 '씨놀'

Seanol is the greatest natural wonder after discovery of morphine!!

씨놀은 모르핀 이후의 가장 위대한 자연의 경의이다!!

- Robert F.Rowen, MD(로버트 로웬박사)

로버트 로웬박사는 매국 존스홉킨스, 캘리포니아 의대, 샌프란시스코 의대 졸업후 미국내 가장 오래되고, 가장 유명한 학회인 파이 베타 카파의 회원입니다. 로웬박사는 1990년 선정된 "Father of Medical Freedom"으로 잘 알려져 있고, 미국내 대체의학 법적 방어의 개척자이자 선두주자입니다.

Seanol's amazing intracellular antioxidant activity makes it possible to prevent both alcoholic and non-alcoholic fatty liver.

씨놀은 세포내 항독성 활동을 통해 알코올성 그리고 비 알코올성 지방간 모두를 방어할수 있게 하는 경이로운 물질이다.

-Dr. Akiko Kojima-Yuassa, Ph.D.(아키코 코지마 박사)

아키코 코지마 박사는 오사키 시립대의 생명화학공학 대학원 교수이며, 간 질환과 간암에 대한 기능성 중재nutraceutical intervention 분야의 세계적인 명성의 생화학자입니다.

It was probably the most active materials that I have ever seen tested that prevent the ultraviolet-induced skin cancer.

씨놀은 자외선 유발 피부암을 방지하는, 내가 보아왔고 경험했던 최고의 활동성 물질이다.

-Dr. Gary D. Stoner, PH.D.(게리 스토너 박사)

게리 스토너 박사는 오하이오 주립대 이메리터스 의과대학 교수이며, 암 화학예방요법의 세계적인 권위자입니다. 게리 스토너 박사는 200편 이상의 암관련 논문을 발표했으며, 2006년 씨놀과 암 연구논문을 발표했습니다.

I believe that Seanol has the potential to be the MOST important supplement in man's quest for the perfect anti-aging regimen. It is like a "super resveratrol." It is more powerful, has a longer half life and is far more effective and more versatile.

나는 씨놀이 완벽한 항 노화요법을 위한 인류의 탐구에 가장 중요한 보충물로써의 최상의 잠재력을 가지고 있다고 믿는다.

씨놀은 "수퍼 레스베라트롤(폴리페놀의 일종)"과 같다. 씨놀은 보다 강력하고, 반감기가 더 길며, 훨씬 효과적이고, 더 다재다능하다.

-Dr. Richard Linchitz, MD(리차드 린치쯔 박사)

리차드 린치쯔 박사는 미국 항 노화 의학협회, 미국의학 진보

학회, 그리고 국제 암 내과 협회의 이사입니다.

Our results show structural wound-healing and support wound-sealing functions for phlorotannins.

우리(연구)의 결과는 플로로탄닌이 구조적인 상처의 치료와 상처의 봉합기능이 있다는 것을 보여준다.

-Dr. Ulrike h Luder and Margaret N Clayton

(율라이크 뤼더, 마가렛 클레이튼 박사)

뤼더와 클레이턴 박사는 호주와 유럽에서 활동하는 해양생물학자입니다. 그들의 연구인 플로로탄닌의 생태학적 연구에서, 에클로니아 종의 잎 속에 상처의 치료에 직접 작용하는 아주 흥미로운 플로로탄닌이 있다는 것을 발견하였습니다. 2004년 플랜타 논문에 발표하였습니다.

감태는 특정 지역의 바다에서 성장하는 갈색 해조류이며, 항산화 효과, 항응고 효과, 항바이러스 효과, 그리고 항 고혈압 효과를 가지고 있다. 씨놀은 감태라는 이렇게 특별한 갈색 해조류에서 나온 이차 대사산물에 기원을 둔 독특한 해양 천연 분자복합체를 말한다. 씨놀은 내장지방을 15%감소시키며 당뇨를 가진 사람의 혈당을 80% 미만으로 정상화시킨다. 씨놀은 동일한 양의 땅에서 추출한 폴리페놀보다 10배-100배 더 강력한 것으로 믿어지고 있다.

영국 의학전문서적 'Antropathy 메디컬 텍스트북'에 소개된 씨놀의 효과

갈조류에서 추출한 씨놀에 대해 동물 실험결과, 씨놀은 만성염증과 관련된 유전자의 발현을 유도하는 단백질인 NF-kB의 활동과 그에 의한 만성염증

을 60~80% 억제하는 것으로 확인됐다. 실제 당뇨병 발병을 가속화시키는 지방간 및 췌장조직 파괴현상을 각각 75%, 80% 감소시켰으며, 당뇨 합병증의 전형적인 증상인 혈관 노화 및 신장조직 파괴 현상도 각각 67%, 70% 감소시키는 등 효과가 입증됐다.

-미국 워싱턴 주립대 병리학과 Prof. Emil Y. Chi, Ph.D.

2 방송매체와 해외 유명신문과 잡지보도

2012년 6월 20일자 明報 D2면 전체가 "치매 질환 치료의 새로운 희망"에 대한 특집 기사가 실렸으며, 그 중 1/4면에 '에클로탄닌' 관련 내용이 집중적으로 소개 되었습니다.

話你知

最新研究:海藻提煉物可防退化

海藻含豐富蛋白質、礦物質、水溶性纖維和膳食纖維，同時亦含豐富維他命，是天然的抗氧化劑。韓國科學家最新的研究發現，從一種棕色海藻提煉出的植物化學物質「Ecklotannins」，能促進腦細胞活動，防止腦退化。

棕海藻

▲用於研究治療腦退化症的植物化合物 Ecklotannins，就是從這一種在韓國、日本和新西蘭水域常見的棕海藻提煉出來。

穿透屏障進入腦部

「腦退化症的成因有很多，當中包括：澱粉樣蛋白積聚、腦細胞Tau蛋白過度磷化、腦細胞氧化、腦細胞發炎、脂肪和糖分代謝異常及大腦供血不足。」韓國 Botamedi Research Center 主席李涬濤博士（Dr. Haengwoo Lee，圓圖）自1995年開始研究退化性疾病，發現在韓國、日本和新西蘭水域常見的棕海藻，當中的化學物質 Ecklotannins，在初步研究中顯示，不但可以減少澱粉樣蛋白和斑塊積聚，同時針對腦細胞氧化反應、發炎症狀、脂肪和糖類代謝異常及腦部供血不足等作出調節。

他解釋，研究阿茲海默氏症藥物的其中一個難關，就是藥物必須穿透血腦屏障（Blood Brain Barrier），血腦屏障是大腦的守門員，會選擇性地阻隔一些物質進入腦部，以免造成腦部傷害，是人體自我防禦機制，「在動物實驗中，發現 Ecklotannins 可以穿透血腦屏障進入腦部，改善阿茲海默氏症和柏金遜症的症狀」。

李博士在美國和韓國進行初步測試，邀請118名因阿茲海默氏症、柏金遜症及腦中風而腦功能受損的病人接受爲期十六個月的臨床測試，八成病人在用藥後三個月後，病情出現好轉，部分病人服用一年後可恢復正常生活。

李博士接受訪問時，播放數名韓國病人服藥前後的差別，其中一名柏金遜症病人服藥三個月後，手部及頭部的不自主顫動明顯減退；另一名阿茲海默氏症病人服藥前，未能按照醫生顯示的圖片，畫出兩個重疊的五角形，但服藥三個月後，可以畫出一個五角形，智能明顯有改善。

李博士指出，他帶領的數十名來自史丹福大學、加州大學洛杉磯校區的醫學博士組成的研發團隊，計劃今年十月展開國際共同臨牀實驗研究。

최신연구 : 해조 추출물이 치매를 예방한다.

해조는 풍부한 단백질, 광물질, 수용성 섬유 및 식이 섬유를 함유하고 있다. 동시에 풍부한 비타민을 함유하고 있는 천연 항산화제이다. 최근 한국의 연구에서 갈색해조류에서 추출한 식물성 화학물질 〈에클로탄닌〉이 뇌세포의 활동을 촉진하고, 뇌의 퇴화를 방지한다고 발표하였다.

치매의 원인은 매우 많다. 베타-아밀로이드 단백질의 축적, 뇌세포 중 타우 단백질의 과인화, 뇌세포의 산화 스트레스, 뇌세포 염증, 지질 및 당류 대사 이상 및 대뇌의 혈류공급 부족이다.

한국의 Botamedi Research Center의 이행우 박사는 1995년부터 퇴화성 질병을 연구하였는데 한국, 일본 및 뉴질랜드 해역에서 많이 볼 수 있는 갈색해조류에서 추출한 화학물질 에클로탄닌이 베타-아밀로이드 단백질과 노인반(얼룩)의 축적을 감소시킬 뿐만 아니라 뇌세포 산화 스트레스, 뇌세포 염증, 지질 및 당류 대사 이상 및 대뇌의 혈류 공급부족 등을 조절한다고 발표하였다.

그는 알츠하이머 약물 연구의 하나의 난관은 약물이 반드시 혈뇌장벽을 침투하여야 한다는 것이라고 말한다. 혈뇌장벽은 대뇌의 골키퍼로써 어떤 물질의 뇌로의 진입을 선택적으로 저지하여 뇌의 손상을 예방하는 자아인체방어기제이다.

동물 실험에서 에클로탄닌이 혈뇌장벽을 침투하여 뇌까지 진입하여 알츠하이머 및 파킨슨씨 병의 상태를 개선하는 것을 확인하였다.

이행우 박사는 미국과 한국에서 진행한 초기 실험에서 118명의 알츠하이머, 파킨슨씨병 및 뇌중풍과 뇌기능이 손상된 환자를 대상으로 한 16개월간의 임상 실험을 통해 80%의 환자가 약을 복용한 3개월 후에 병세가 호전되는 것을 확인하였다.

이행우 박사는 인터뷰에서 여러 명의 한국 환자가 약을 복용하기 전과 후에 차이를 보였는데, 그 중 한 명의 파킨슨씨 병 환자는 약을 복용한 지 3개월 만에 손과 머리의 떨림 현상이 현저하게 감소되었으며, 또 다른 알츠하이머 환자는 복용 전에 의사가 지시하는 그림과 2개의 중첩된 오각형을 그려내지 못하였으나, 복용 3개월 후에 한 개의 오각형을 그려 낼 수 있었고 기억력(지능)이 현저히 개선되었다고 하였다.

이행우 박사는 스탠포드 대학, 남캘리포니아 대학, UCLA 등의 CNS 전문 의학박사를 주축으로 연구개발팀을 구성, 올해 10월 국제공동임상실험을 진행할 예정이다.

韓美最新尖端科技成果：海藻精華治療老年癡呆症和柏金遜症

對抗老年癡呆症的曙光 · 王維迪

韓國與美國醫學科研團隊近年從濟州島棕色海藻中，提煉一種植物化學成分，可以對抗老年癡呆症與柏金遜症。首爾的中央神經療養中心即將成立，為全球患者與家屬，帶來漫漫長夜中的一線曙光。

濟州島海域海藻：抗老年癡呆與柏金遜症的福音

李洋雨博士：科研以人為本

將在中日設療養中心

알츠하이머에 대한 서광

한국과 미국의 의료 연구팀은 최근 한국 제주도의 갈색 해조류에서 추출한 약리 성분이 알츠하이머와 파킨슨씨 병에 치료 효과가 탁월하다고 발표하였다. 서울의 중추신경계Central Nervous System, CNS센터를 설립하고, 일본과 중국, 홍콩에 확장하여 전세계 환자와 가족들에게 길고 긴 어둠 중에 한줄기 서광을 가져올 것이다.

노인치매와 파킨슨병은 21세기의 제일 무섭고 벗어나고 싶은 질병이다. 환자는 겉보기에는 건강에 보이나 사고와 기억은 이미 사라져 버렸다. 아무도 환자의 마음속 세계의 반응을 알지 못하고 객관적으로 가족은 환자가 낯선 사람으로 대하는 고통을 경험하는 질병이다.

그러나 이러한 고통의 어두움에 최근 한 줄기 서광이 비치기 시작했다. 한국의 최근 연구에서 알츠하이머와 파킨슨씨병에 치료할 수 있음을 발견하였다. 연구팀은 임상 실험에서 알츠하이머 질환이 개선되어 정상적인 사고와 판단을 할 수 있는 것이 최초로 증명하였다.

보타메디 연구센터를 이끌고 있는 이행우 박사는 보타메디 연구센터와 미래재단이 합작 연구하여 제주도 부근의 갈색해조류에서 〈에클로탄닌〉이라고 불리우는 식물 유래 약리 성분을 발견하였으며, 이는 알츠하이머 환자 및 파킨슨씨 환자에게서 질환이 개선되는 리버스 현상이 일어났다고 소개하였다.

이행우 박사는 이 〈에클로탄닌〉 성분이 특정 몇 가지 갈색해조류에 존재하며, 한국 및 미국 등지에서 118명의 알츠하이머 및 파킨슨씨병 환자를 대상으로 한 16개월간의 임상 실험에서 이 성분이 알츠하이머 및 파킨슨씨병의 진행속도를 느리게 하여주고, 심지어 병의 증상이 호전되는 효과가 나타난 경우도 있다고 하였다.

가장 놀라운 것은 이 118명의 환자가 갈색 해조류 추출물을 복용한 후, 2~3개월의 짧은 시간 안에 병의 증상이 뚜렷하게 개선되었으며, 일부 환자는 복용 1년 후 기본적으로 건강을 회복하여 정상적인 생활이 가능하였다고 한다. 85%의 알츠하이머 환자의 의식이 뚜렷해졌고 주위 환경을 환경을 인지하기 시작하였으며, 자신의 기분(정서)을 이야기 하고 심지어 독립생활이 가능하였다.

또한, 장기간의 기초 연구를 통해 오염되지 않은 제주도 심해로부터 채취한 해조 중의 〈에클로탄닌〉은 순식물성분일 뿐더러 효과가 뛰어나며 인체에 흡수가 빠르며 다른 알츠하이머 및 파킨슨씨병 약에서 발견되는 설사, 구역질 및 구토 등의 부작용이 없어 환자가 장기복용이 가능하다.

이행우 박사의 알츠하이머 및 파킨슨씨병에 대한 10년의 연구에 의하면, 알츠하이머 및 파킨슨 씨병의 원인으로 6가지를 말하고 있다.

1. 뇌 안의 베타아밀로이드의 축적
2. 뇌세포 중 타우단백질의 과인산화

3. 뇌 세포의 산화스트레스
4. 뇌세포 염증
5. 지질 및 당류 대사 이상
6. 뇌로의 혈류 공급 부족

현재 알츠하이머 및 파킨슨 병의 약물 시장은 1개 혹은 2개 병의 원인의 치료로 진행하며, 통상 한 개의 원인이 좋아지면 다른 한 개의 원인(병의 상태)이 악화된다.

이에 그는 생각을 바꿔 6개의 병인을 제어할 수 있는 Key를 찾아, 해조류 중에서 추출한 특수성분이 그 중 5개의 병인을 종합적으로 치료할 수 있다는 것을 증명하였다.

이에 따라, 스탠포드 대학, 남캘리포니아 대학, UCLA 등의 CNS 전문 의학박사를 주축으로 연구개발팀이 구성되었으며 대규모 국제 공동 임상연구를 수행할 계획이다.

세계보건기구의 통계에 따르면 현재 전세계에 36,500,000명의 알츠하이머 환자가 있으며, 2030년에는 그 수가 2배가 될 것이다. 홍콩에는 현재 약 70,000명의 알츠하이머 환자가 있으며 많은 유명인사가 알츠하이머를 앓고 있다. 예를 들어 '광섬유의 아버지' 까오쿤 교수, 전 미국대통령 레이건 등. 현재 홍콩에는 65세 이상의 사람 중 100명 당 5~8명의 알츠하이머 환자가 있을 것으로 보이며, 80세 이상의 사람 중에는 거의 20%~30%의 각기 다른 정도의 알츠하이머 환자가 있는 것으로 보인다.

홍콩 인구의 노령화의 증가에 따라 현재의 노령화 속도에 근거하면 2050년에는 환자의 수가 330,000명에 이를 것이다.

보타메디 연구센터는 올해 8월에 서울에 CNS센터를 건립하고, 일본, 중국, 홍콩까지 확장할 계획에 있다. 이 센터는 이미 해조류에 관련된 추출 정제 기술을 개발하였으며, 이에 더 나아가 더 많은 임상실험과 신약의 비준인가를 계획하고 있다.

현재 각 지방정부의 알츠하이머 환자에 대한 지원에 한계가 있어, 알츠하이머가 있는 환자는 단지 가족에 기대거나 혹은 간병인을 고용 할 수밖에 없다. 이는 비용과 가족에 큰 부담을 안겨준다.

만약에 이 해조추출물이 대량 생산이 가능하게 되면 알츠하이머 및 파킨슨씨병 신약으로 개발될 예정이며 현재 질환을 겪고 있는 환자에게는 획기적인 복음이 될 것이다. 현재는 생산량의 준비관계로 지정 CNS 병원에만 독점 공급되겠지만, 그 첫걸음의 임상효과(결과)는 이미 전세계 환자의 가정에 길고 긴 고통의 밤 중에 한 줄기 서광으로 비치고 있다.

그 외에 씨놀에 대한 언론의 관심은 주요 보도만 다음과 같다.

미국 : Second Opinion(2006년 9월호)
Scientific American(2007년 7월호)
Nature Medicine
Nature
NBC방송(2007년 2월)
Dr. Sinatra(심장내과 전문의)
Dr. Emil Y. Chi(워싱턴 주립대 의과대학 병리학과 교수)

한국 : SBS 잘먹고 잘사는 법. SBS뉴스(2011년 11월 29일)
KBS 과학카페 '해조의 대발견'(2009년 11월 7일)
MBC 다큐멘터리 '해조특집'(2008년 2월 29일)
의학전문 미디어 데일리팜

일본 : 오사카시립대학교 아키코 고지마 교수

홍콩 : 명보신문 및 명보주간, 아주주간

3 씨놀관련 주요 연구 논문

씨놀의 '항알러지 및 면역' 관련 연구 논문

"씨놀의 구성 성분들의 히스타민 방출 억제 효과"

- Li Y, Lee SH, Le QT, Kim MM, Kim SK. Anti-allergic effects of phlorotannins on histamine release via binding inhibition between IgE and Fc epsilonRI. J Agric Food Chem. 2008 Dec 24;56(24):12073-80.

"씨놀의 과다면역 반응 조율 효과"

- Shim SY, Quang-To L, Lee SH, Kim SK. Ecklonia cava extract suppresses the high-affinity IgE receptor, FcepsilonRI expression. Food Chem Toxicol. 2009 Mar;47(3):555-60. Epub 2008 Dec 25.

"씨놀이 싸이토카인 신호를 억제하여 천식에서 발생하는 과민성 염증 반응을 조율한다."

- Kim SK, Lee DY, Jung WK, Kim JH, Choi I, Park SG, Seo SK,

Lee SW, Lee CM, Yea SS, Choi YH, Choi IW, Effects of Ecklonia cava ethanolic extracts on airway hyperresponsiveness and inflammation in a murine asthma model: Role of suppressor of cytokine signalling.

Biomedince & Pharmacotherapy 62:289-296(2008)

씨놀의 '심혈관계' 관련 연구 논문

"총콜레스테롤 240 mg/ dL 이상 또는 LDL 콜레스테롤 130 mg/ dL 이상에 해당되는 고지혈증 환자를 대상으로 한 12주 임상시험에서도, 씨놀의 총 콜레스테롤 및 LDL 콜레스테롤 개선효과가 확인되었을 뿐만 아니라, CRP의 감소효과가 나타남으로써, 동맥경화 예방에 대한 잠재력이 확인"

- Lee DH, Park MY, Shim BJ, Youn HJ, Hwang HJ, Shin HC, Jeon HK. 2010. Effects of seapolynol in individuals with hypercholesterolemia: a Pilot Study. 지질동맥학회 2010년 가을학회.

"dieckol을 섭취한 고지혈증 rats 모델에서의 혈중지질 개선 효과가 있다."

- Yoon NY, Kim HR, Chung HY, Choi JS. 2008. Anti-hyperlipidemic effect of an edible brown algae, Ecklonia stolonifera, and its constituents on poloxamer407-induced hyperlipidemic and cholesterol-fed rats. Arch Pharm Res 31:1564-1571.

"서울지역 남녀 과체중자에 대한 씨놀의 효과를 평가하는 임상시험에서는 콜레스테롤이 정상치보다 상승된 피험자가 대다수를 차지하였으며, 12주간의 섭취 결과 총콜레스테롤 및 LDL 콜레스테롤의 감소 효과 및 HDL 콜레스테롤의 상승효과가 확인"

- Shin HC, Kim SH, Park YH, Lee BH, Hwang HJ. 2011. Effects of 12-week oral supplementation of Ecklonia cava polyphenol on anthropometric and blood lipid parameters in overweight Korean individuals:adouble-blind randomized clinical trial. PhytotherapyResearch(2011) DOI: 10.1002/ptr.3559

"고혈압 rats 모델2-kidney 1-clip Goldblatt hypertensive rats에서 씨놀의 혈압 감소효과와 혈중 ACE 활성 감소효과를 확인"

- Hong JH, Son BS, Kim BK, Chee HY, Song KS, Lee BH, Shin HC, Lee KB. 2006. Antihypertensive effect of Ecklonia cava extract. Kor J. Pharmacogn 37:200-205

씨놀의 '비만 및 당뇨 분야' 관련 연구 논문

"씨놀 및 이를 구성하는 에콜계 화합물은 비만 및 제2형 당뇨의 발생을 막아주는 효과뿐만 아니라 당대사의 개선효과도 보여준다. 7- Phloreckol 및 dioxinodehydroeckol에 대한 지방세포 3T3-L1 실험에 의하면 이 성분들이 지방세포의 분화를 억제하며 지방생성과 관련된 인자들의 활동을 감소시키는 것으로 확인"

- Kong CS, Kim JA, Ahn BN, Vo TS, Yoon NY, Kim SK. 2010. 1-(3',5'-dihydroxyphenoxy)-7-(2",4",6-trihydroxy-phenoxy)-2,4,9-trihydroxydibenzo-1,4-dioxin inhibits adipocyte differentiation of 3T3-L1 fibroblasts. Mar Biotechnol(NY) 12: 299-307 “dioxinodehydroeckol에 대한 기작 연구를 통하여 AMPK 신호전달계의 활성화 및 조절을 통하여 지방생성 및 지방세포분화 억제효과를 나타낸다.”

- Kim SK, Kong CS. 2010. Anti-adipogenic effect of dioxinodehydroeckol via AMPK activation in 3T3-L1 adipo-cytes. Chem Biol Interact. 186: 24-29.

“인체적용시험에서는 BMI 26이상의 과체중자를 대상으로 한 12주간의 임상시험에서 BMI, 체지방 및 허리둘레 감소효과가 확인”

- Shin HC, Kim SH, Park YH, Lee BH, Hwang HJ. 2011. Effects of 12-week oral supplementation of Ecklonia cava polyphenol on anthropometric and blood lipid parameters in overweight Korean individuals:adouble-blind randomized clinical trial. Phytotherapy Research.

(2011) DOI: 10.1002/ptr.3559.

“에콜계 화합물이 고농도로 포함된 곰피Ecklonia stolonifera 추출물을 사용한 비인슐린의존형 당뇨 마우스모델에서 항당뇨 효과 및 인슐린저항성 억제 효과, 당뇨로 인한 산화스트레스 억제효과를 확인”

- Iwai K. 2008. Antidiabetic antioxidant effects of poly-phenols in brown alga E stolonifera in genetecally diabetic KK-Aymice. Plant Foods Hum Nutr 63:163-169.

“2형 당뇨병의 원인이 되는 내장(간, 췌장) 지방 축적 현상을 75~80% 감소시키고 대표적 합병증인 혈관 노화 및 신장조직 파괴 현상을 약 70% 감소시킴”

- LSL 4692 Reduces the Activity of Redox-Sensitive Transcriptional Factor-kappa B in a Diabetic Mouse Model; Chi E, Tien Y-T, Huang S; University of Washington, Department of Medicin

"고혈당에 의한 합병증을 예방하는 효과로서, in vitro 실험수준에서 7-phloreckol, eckol and dieckol의 단백질 당화 억제효과가 있다."

- Okada Y, Ishimaru A, Suzuki R, Okuyama T. 2004. A new phloroglucinol derivative from the brown algae Eiseniabicyclis:Potential for the effective treatment of diabetic complications.

J Nat Prod 67:103-105.

"고혈당은 혈관내피세포의 iNOS, COX-2 및 NF-kB를 상승시키는데, dieckol이 고혈당에 의해 유발되는 이러한 단백질의 발현을 감소시키고, 산화스트레스(TBARS, 세포내 ROS, NO 생성)로부터 혈관내피세포HUVEC를 용량 의존적으로 보호한다."

- Lee SH, Han JS, Heo SJ, Hwang JY, Jeon YJ. 2010. Protective effects of dieckol isolated from Ecklonia cava against high glucose-induced oxidative stress in human umbilical vein endothelial cells. Toxicol In Vitro 24:375-381.

씨놀의 '피부' 관련 연구 논문

"26주간 UVB에 반복적으로 노출된 hair-less 마우스에서 씨놀을 섭취할 경우, 염증성 단백질인 COX-2 및 iNOS의 활성과 피부암 발생이 현저하게 감소되었다."

- Hwang H, Chen T, Nines RG, Shin HC & Stoner GD. 2006. Photochemoprevention of UVB-induced skin carcinogenesis in SKH-1 mice by brown algae polyphenols. Int J Cancer 119:2742-2749

"UVB에 노출된 인체 섬유아세포에 eckol 또는 dieckol을 처리할 경우, 세포내 활성산소를 감소시키고 세포생존률을 증가시키는 것을 관찰하였으며, 특히 dieckol이 UVB에 의한 DNA 손상을 대폭 줄여주는 효과를 관찰하였다."

- Heo SJ, Ko SC, Cha SH, Kang DH, Park HS, Choi YU, Kim D, Jung WK, Jeon YJ. Effect of phlorotannins isolated from Ecklonia cava on melanogenesis and their protective effect against photo-oxidative stress induced by UV-B radiation. 2009. Toxicol In Vitro. 23:1123-1130.

"UVA 및 UVB 에 노출된 인체 유래 피부세포에서 MMP-1, 2, 및 9의 활성을 감소시키는 효과"

- Saeki Y, Nishiura H & Tanaka K. 2009. MMP inhibitory action of Seanol. Fragrance J 37:94-96

"씨놀을 구성하는 분자들인 eckol, phlorotannin A, triphlorethol, dieckol and phlorofucofuroeckol A 들이 피부의 탄성을 부여하는 단백질인 엘라스틴을 가수분해하는 효소[elastase]의 활성을 감소시키는 효과가 있다."

- Bu HJ, Ham YM, Kim JM, Lee SJ, Hyun JW & Lee NH. 2006. Elastase and Hyaluronidase inhibition activities of phlorotannins isolated from Ecklonia cava. Kor J Pharmacogn 37:92-96

씨놀의 '뇌기능' 관련 연구 논문

"신경전달물질인 아세틸콜린 향상을 통하여 기억력 개선효과를 나타낸다."

- Myung CS, Shin HC, Bao HY, Yeo SJ, Lee BH, Kang JS. Improvement of memory by dieckol and phlorofucofuroeckol in ethanol-treated mice: possible involvement of the inhibition of acetylcholinesterase. Arch Pharm Res 28:691-698(2005).

"씨놀의 구성성분들은 신경독성을 일으키는 베타아밀로이드를 생성시키는 효소BACE를 억제하는 효과가 탁월하다."

- Jung HA, Oh SH, Choi JS.

Molecular docking studies of phlorotannins from Eisenia bicyclis with BACE1 inhibitory activity. Bioorg Med Chem Lett. 2010 Jun 1;20(11):3211-5. Epub 2010 Apr 24.

4 씨놀의 특징 요약

씨놀은 육체와 정신의 최적 상태를 유지하기 위한 대사 기능을 최적화 시키는 강력한 생체 활성 폴리페놀이다.

그리고 약 15년간 700 억원의 연구개발비를 투자하여 기능성을 과학적으로 입증하였다.

씨놀 분자는 지상에서 만들어지는 폴리페놀보다 훨씬 더 많은 폴리페놀구조를 가지고 있으며, 크고 긴 체인의 구조는 다른 폴리페놀보다도 프리라디컬 제거와 독성 제거력이 유의적으로 높게 하는데 작용한다.

씨놀의 생체활성에 대한 독특하고 광범위한 영역에 대한 작용은 명확히 구분되는 14개의 수용성과 지용성의 해양폴리페놀의 분자구조 때문이다. 이러한 폴리페놀의 최적의 균형 잡힌 넓은 스펙트럼은 지상의 어떤 폴리페놀보다 생체분자와 세포의 기능에 긍정적으로 작용하게 한다.

결국 씨놀은 뇌혈류장벽blood brain barrier을 통과하는 톡특한 지용성물질의 하나로 뇌를 포함한 신체의 건강에 이로움을 준다.

신체는 혈액속으로 과도한 지질이 침투되고 활성산소와 독소와 같은 유해인자들과 생활습관의 위험인자들, 그리고 환경과 음식을 통해서 매일같이 맹공격을 당하고 있다. 이러한 요소들은 신체가 최적의 상태를 유지하려는 기능을 상실시키고 혈액 건강과 순환에 악영향을 준다. 손상된 세포기능은 많은 만성적인 질병에 시달리는 건강상태가 되도록 하는 결과를 야기한다.

씨놀은 세포대사를 손상시키는 스트레스를 감소시키기 위한 혈액의 흐름과 상태를 개선시킬 수 있는 강력한 항산화와 항염증 작용을 가지고 있다.

세포의 보호와 재생에 의해서 씨놀은 건강증진을 위한 기초적인 상태를 수립하고, 노화와 관련된 일반적인 많은 만성 질병 상태를 개선시키기도 한다.

몇 가지 효과를 가지는 한두 가지의 기능을 수행할 수 있는 천연 제품들이 많이 있다. 하지만 씨놀은 단일 성분으로 높은 효과를 가지는 여러 가지 기능을 동시에 갖는 독특한 물질이다.

활성산소 소거력 : 세포는 산화적 스트레스를 일으키는 활성산소로부터 지속적인 공격 하에 있고, 산화적 스트레스는 세포의 상태를 최적화하는 능력을 상실하게 한다. 산화적 스트레스는 세포손상의 원인이 되기도 하지만 염증의 결과로 발생되기도 한다. 바로 그것이 양쪽을 타겟으로 하는 강력한 항산화제가 필요한 결정적인 이유이다.

씨놀의 활성산소를 소거하는 독특한 능력은 수많은 과학적 연구에서 입증되어 왔고, 씨놀의 독특한 분자구조는 개선된 세포의 건강과 기능을 위한 산화적 스트레스를 효과적으로 경감시킬 수 있도록 한다.

염증의 억제 : 만성염증에 있어서 염증촉진효소의 레벨이 지속적으로 증가상태에 있다. 수많은 연구에서는 씨놀의 폴리페놀

은 COX-2, iNOS 그리고 LOX와 같은 많은 염증효소의 발현을 막고, 프리라디컬과 염증촉진효소pro-inflammatory enzyme의 레벨 감소를 통해서 염증을 발생시키는 조건을 완화시킨다.

혈액의 흐름과 상태를 개선 : 건강한 혈관은 일반적으로 혈액공급에 대한 요구에 반응하면서 이완과 수축을 반복한다. 만성염증이나 산화적 스트레스에 의해서 손상된 세포는 혈관을 극단적으로 수축시켜서 혈액의 흐름이 원활하지 못하게 하는 효소들을 생산한다.

이러한 조건은 높은 혈당레벨로부터 발생되는 만성 스트레스와 산화된 콜레스테롤에 의해서 형성된 플라그(피가 뭉친 덩어리)에 의해서 자주 악화된다.

씨놀의 폴리페놀은 혈관의 유동성과 기능을 막는 효소들의 강력한 억제제로써 작용하는 것으로 보고되고 있다. 피브린은 혈액의 점도를 증가시키는 혈액에서 발견되는 단백질이고 그것은 혈전의 형성을 촉진시킨다. 씨놀의 폴리페놀은 여러 가지 연구에 의해서 결정적인 피브린 용해효소인 플라즈민의 활성을 촉진시킨다고 보고되고 있다.

결과적으로 씨놀은 전체적인 혈액의 점도와 흐름에 관한 모든 조건들을 개선한다. 씨놀은 또한 중성지방과 콜레스테롤의 수치를 정상화한다는 것이 증명되었다.

씨놀의 항산화적 성질은 혈관의 조직을 손상시키고 혈액의 흐름을 방해할 가능성을 가지고 있는 내부 혈관 벽을 굳게 하여 특히 해롭다고 할 수 있는 LDL의 산화를 막는다.

씨놀은 많은 가능한 응용성과 시장성을 가지고 있는 구성성분들로써 잠재적인 건강이익 포지션과 효용성이 넓은 범위를 가진다.

〈씨놀과 마케팅〉

항산화제 제품

강력하고 톡특한 해양 폴리페놀 복합체로 프리라디컬과 독소를 제거한다.

심혈관 제품

정상적인 콜레스테롤 레벨을 유지시켜주고 혈관의 탄력도와 확장을 증진시킨다. LDL산화의 억제를 통하여 플라그가 쌓이는 것을 막고 감소시킨다. 최적의 혈류흐름을 위한 혈액상태로 개선 시킨다. 에너지, 스테미너를 올리고 피로를 극복하게 한다.

염증 제품

만성적인 신경학적 불쾌감으로 쇠약해지는 효과를 되돌리거나 최소화한다. 세포 스트레스에 대한 염증반응을 막기 위해 근육과 기관의 조직 안에서 세포의 기능을 증진시킨다. 관절연골의 퇴행을 막고 억제한다. 반면에 윤활성을 개선하고 쿠션을 증가시킨다. 운동의 범위와 운동성을 개선한다.

대사 건강 제품

건강한 혈액상태가 되도록 돕는다. 근육과 기관에서 지방세포의 축적과 형성을 막는데 도움이 된다.

뇌와 기억력 증진 제품

자극제의 스트레스 없이 정신적 명료성과 초롱초롱함을 가능하게 한다. 기억력과 인지력을 개선시킨다. 뇌에서 플라그의 형성을 막고 분리시킨다. 깊은 잠과 보다 편안한 숙면이 되도록 한다.

씨놀은 세포의 최적화와 순환계의 건강으로부터 기인한 넓은 범위의 이익을 제공하는 자연적인 성분이다. 이러한 것이 많은 연구들을 통해서 알려지게 되었다.

씨놀은 넓은 범위로 응용할 수 있다. 그것은 캡슐, 타블렛, 음료, 기능성 푸드의 형태로 사용하기에 편리하도록 제공된다.

5 씨놀 제품의 섭취시 반응과 조치

윗장에서는 분야별로 씨놀 성분이 도움이 될 수 있는 내용을 연구 논문들을 배경으로 살펴보았다. 독자들은 씨놀이 '만병통치약이구나'하고 생각할 수 있겠으나 사실 세포노화를 일으키는 프리라디칼(활성산소)과 그로 인한 만성염증을 줄일 수 있다면 질병이 너무 오래되어서 세포가 모두 파괴되어 있지 않은 한 많은 도움이 되리라는 것은 분명해 보인다.

하지만 세포를 복원하는 데에는 많은 인자들이 상호 복합적으로 작용하여야하며 그 수많은 영양소의 역할을 씨놀이 모두 대체한다는 것은 아니다. 따라서 질병에 따라서 부족한 영양소들은 그 나름대로 음식과 운동, 다른 보충제를 통해서 씨놀과 함께 보충해 준다면 그 시너지 효과는 매우 크리라 생각된다. 씨놀의 대표적인 특징은 모든 영양소를 세포에게 잘 전달될 수 있도록 하는 특징이 가장 강해 보이기 때문이다.

씨놀 제품을 섭취하다 보면 질환이 오래되고 중할수록 몸에서 여러 가지 반응이 나올 수 있는데 이것은 세포와 세포밖에 누적되어 있던 노폐물들이 일시에 혈액 속으로 밀려 들어 오면서 간에서 그 물질을 일시적으로 해독하지 못하거나 콩팥에서 몸 밖으로 배출할 수 있는 능력이 부족했을 때 피부로 독소를 밀어내면서 여러 가지 가려움증이나 붉은 반점, 심한 통증 등이 나타나게 된다.

특히 심하게 졸리는 증상과 변비 등이 동반되는 경우가 많다. 변비의 경우에는 씨놀 성분이 따뜻한 성질을 가지고 있어서 몸으로 들어가면 열을 발생시키고 그때 충분한 물을 섭취하지 않으면 대장에서 물을 과도하게 흡수하여 변비가 올 수 있다.

그래서 씨놀을 섭취하다보면 갈증이 심하게 나는 경우가 많은데 그런 경우에는 주저 없이 충분한 수분을 섭취해야 한다.

통증반응의 경우는 심하게 막혀있는 경우에 많이 발생되므로 통증이 있는 부위를 부항요법이나 괄사요법, 마사지 요법 등을 통해서 외부에서 물리적인 자극을 함께 가미하면 통증도 쉽게 사라지고 좋은 결과도 쉽게 얻을 수 있다.

호전반응이 너무 심하면 제품 섭취의 양을 줄이거나 잠시 중단하는 것이 좋다. 혈액 내로 쏟아져 나온 독소들을 몸에서 처리할 충분한 시간을 주는 것이 좋기 때문이다.

호전반응이 심하게 나온다는 것은 씨놀이 세포에게 작용하여 세포가 자기 수복을 위한 정화작용을 하고 있다고 생각해야 하므로 불편 반응이 나온다고 절대 중단해서는 안된다. 양을 줄이거나 잠시 중단한 후에 재차 시도하면 점점 불편반응이 줄어들고 얼굴 빛과 피부가 달라지며 피로가 사라지면서 만성적인 질환이 서서히 호전되기 시작한다.

씨놀제품의 섭취시 반응과 조치

증 상	원인	조치
심하게 졸립고 나른한 현상이 올 수 있다.	씨놀은 강력한 에너지를 가지고 있어서 해독작용이 강하고 혈액순환을 증가시킨다. 그 과정에서 몸에 쌓여 있던 독성물질이 간으로 몰리고 대사가 빨라져서 일시적으로 나른한 현상이 올 수 있다.	충분한 휴식과 수면이 필요하다. 졸리면 참지 말고 잠깐이라도 자기 바란다. 특히 운전 중에는 조심해야 한다.
몸이 뜨거워지고 땀이 많이 난다.	씨놀은 강한 양기를 가지고 있는 성분으로 사람의 몸을 따뜻하게 하여 냉기를 제거하고 지방을 분해하는 성질이 강하다.	좋은 현상이니 충분한 물을 섭취하시고 운동을 함께하면 지방분해 효과가 있다.
변비가 올 수 있다.	뜨거운 성질로 혈액순환을 촉진 시키다 보면 수분이 많이 부족할 수 있다.	수분 부족 현상으로 올 수 있다. 심할 경우는 유산균, 섬유질, 물을 추가로 먹는다.
머리나 손끝이 찌릿 찌릿한 느낌이 올 수 있다.	말초 모세혈관을 뚫는 과정에서 발생되는 현상이다.	운동량을 늘려주면 효과를 증폭 할 수 있다.
두드러기, 발진, 가려움이 올 수 있다.(붉은 반점이 나타난다)	간기능이나 신장기능이 약하신 분들은 피부로 독소를 밀어내는 현상이다.	땀을 많이 흘리는 운동이나 온열매트 등을 많이 이용하면 독소 해독이 빨리 발생한다.
코피가 날 수 있다.	모세혈관을 확장하는 중에 약한 혈관이 터지는 경우이다.	오메가-3와 비타민-C 를 추가로 섭취하면 모혈혈관이 튼튼해진다.
특정 부위에 심하게 통증을 느낄 수 있다.	과거에 심하게 다쳤거나 수술한 곳 혹은 현재 혈관이 많이 좁아져 막혀있는 곳, 또는 경락과 경혈이 막혀 있는 경우 강한 에너지가 통과면서 통증을 일으킨다.	다른 외부적인 물리치료를 병행하거나 제품의 양을 가감하면서 멈추지 말고 지속적으로 섭취한다.

※ 반드시 일일 2리터 정도의 물 섭취와 하루 1시간의 걷기운동을 권장합니다.

8장

씨놀을 통해 건강을 되찾은 사람들의 이야기

사례 1 : 안산의 이○옥님의 사례 - 뇌성마비 사례

필자가 안산의 지인을 통해서 씨놀 제품을 뇌성마비환자에게 전달, 사용 후 사례이다.

그 분은 뇌성마비로 손과 발이 잘 펴지지 않고 몸에 염증이 심하여 늘 병원 약에 의존해서 고통스럽게 살아가시는 분인데 그 분의 부인이 씨놀에 대한 정보를 들으시고 남편 분 제품을 드시게 한 경우이다. 처음에는 시어머니께서 그게 무슨 효과가 있겠느냐며 반대를 하셨지만 기대를 하지 않은 상태에서 씨놀 제품을 섭취하게 되었다. 그런데 약 보름 정도의 시간이 흐르자 갑자기 남편분이 제품을 좀 더 사와 보라고 하더라는 것이었다. 그래서 제품 왜 사오라고 하느냐고 하니까 남편 분께서 무언가 약을 먹지 않아도 통증이 사라지는 느낌이 든다는 것이었다. 그래서 혹시나 하는 마음으로 제품을 사서 다시 섭취하게 하였는데 놀랍게도 구부러진 손이 펴지고 염증이 많은 얼굴에는 씨놀 크림을 바르니 붉은 염증이 많이 사라졌다고 세상이 이런 제품이 있느냐고 전달해준 사람에게 고마움을 전한 일이 있었다.

♣ 이런 사례는 씨놀이 뇌성마비 자체를 고친다기보다는 몸의 염증을 제거하고 기의 순환을 좋게 하여 몸의 상태를 호전시킨 것으로 보여진다. 약에 의존하지 않고도 통증과 염증을 억제할 수 있는 것이 씨놀의 대표적인 특징이기 때문이다.

사례 2 : 수원의 김○희님의 사례 - 만성 허리 통증 사례

저는 만성적인 허리통증으로 매주 2~3 번은 허리에 침을 맞으면서 생활하는 사람입니다. 그런데 평소 가까이 알고 지내던 교수님으로부터 씨놀을 알게 되어 아침에 4캡슐 저녁에 4캡슐을 섭취하게 되었는데 며칠이 지나자 아침에 일어나기가 한결 부드러웠습니다.

그래서 지금도 꾸준히 섭취하고 있는데 현재는 침을 맞지 않아도 생활함에 불편함이 없어 매우 잘 사용하고 있습니다. 그리고 늘상 피곤하고 힘이 없었는데 피로가 사라지고 생활에 활력이 생겼습니다. 그래서 우리 남편과 아이들에게도 먹게 하고 있는데 모두들 피로가 없고 활력이 생긴다고 좋아합니다.

♣ 위의 사례는 씨놀이 막힌 경락과 혈을 여는데 강력한 작용을 한다는 증거이다. 한방적으로 말하면 씨놀은 따뜻하면서도 강한 기氣를 가지고 있기 때문에 가늘어진 경락을 여는 작용이 강하다. 그러나 심하게 막힌 사람의 경우에는 그곳에 더욱 심한 통증을 느끼게 되는데 그것은 관은 막혀있고 강한 에너지는 뚫고 지나가려 하니 그 압력이 가중되어 통증을 더욱 크게 하는 경우이다. 그래서 씨놀을 섭취 후에 통증이 심하게 더 아픈 부위가 나타나면 그곳이 머리일 경우에는 곧 중풍이 올 수 있는 것을 미리 찾은 경우이니 매우 행운이라고 할 수 있다.

통증이 심한 경우에는 견딜 수 있으면 견딘다. 그러면 대개는 보름 이내로 사라진다. 그러나 지속적으로 통증이 계속되면 외부적으로 물리적인 뜸이나 침, 부항요법 등을 같이 병행하면 쉽게 해결되기도 한다.

사례 3 : 남양주의 양○우님의 사례 - 당뇨합병증 사례

저는 사회복지사로 일하고 있으며 당뇨병을 앓은 지 약 20년 정도 된 사람입니다. 그런데 어느 날 전기장판에서 잠을 자고 일어났는데 뒤꿈치 부근에 물집이 생기고 화상을 입었습니다. 그리고 시간이 지나면서 그 곳이 심하게 조직이 썩어가는 상황이었습니다.

그래서 지인으로부터 씨놀이 염증과 항산화력이 천연재료로써 세계 최강이고 치매나 파킨슨씨 질병에 많은 효과를 내고 있다는 말을 듣고 저는 제 발에 한번 실험해보기로 결정했습니다. 그래서 제품을 캡슐을 까서 환부에 뿌리고 정상의 약 3배 정도를 섭취한지 보름 만에 제 상처가 기적적으로 아무런 약을 사용하지 않았지만 아물어 갔습니다. 아래의 사진들은 직접 과정을 찍은 사진입니다. 지금은 씨놀제품을 사정상 섭취하고 있지 못하지만 다시 재발 없이 환부가 완전히 좋아졌습니다. 씨놀의 파워에 놀라울 따름입니다.

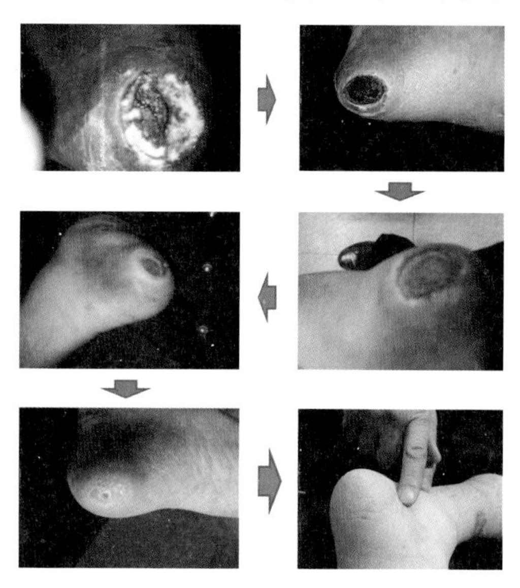

♣ 위의 사례는 당뇨병의 경우 오랜 시간이 경과하게 되면 말초 신경마비가 오게 되는데 다리가 전기장판에 닿으면서 뜨거움을 느끼지 못하여 화상을 입게 된 경우이다. 당뇨병의 경우에는 이런 경우 심하면 다리를 절단하는 위기까지 가게 되는데 말초 신경마비와 모세혈관까지 백혈구가 진입할 수 없어 세균들의 침입을 막을 수가 없게 되어 점점 다리를 아래로부터 절단해가는 경우가 발생된다. 따라서 씨놀의 말초혈관 확장기능과 혈류개선 효과, 항염증 기능은 이러한 당뇨 합병증에 매우 효과적일 수 있으며 오래된 당뇨병이라 할지라도 합병증이 발생하지 않도록 씨놀 함유 제품을 꾸준히 섭취한다면 건강에 문제없이 살 수 있을 것으로 생각된다.

사례 4 : 서울의 강○영님의 사례 - 치매호전 사례

약 4년 전부터 저희 시어머님(86세)께서 치매가 오셔서 주위 사람들도 잘 알아보시지 못한 상태로 심한 상황에서 집에서 간호를 하고 있었습니다. 그러던 중 갑자기 의식 불명상태로 빠지져서 긴급히 병원에 입원하게 되었습니다. 그런데 병원에서는 의식이 돌아오시지를 않아서 뇌사상태가 진행된 것이 아닌가 하는 의심을 하였고 거의 포기상태에 되었습니다.

그때 어느 지인의 권유로 씨놀을 알게 되었는데 씨놀이라는 물질이 뇌로 들어가서 치매나 파킨슨씨 질병에 도움을 준다는 말을 듣고 혹시나 하는 기대감에 제가 원래 간호사 출신이기 때문에 코로 영양을 공급하는 호수 줄에 5개 정도의 캡슐을 까서 끼니마다 함께 넣어드렸습니다.

그런데 모두 포기상태였는데 3일 정도 지난 후 기적적으로 어머님께서 의식을 회복하셨고 다시 기운을 회복하셔서 퇴원하시게 되었습니다. 그런데 놀라운 것은 전에 보다는 사람도 알아보는 것이 훨씬 좋아진 것을 느낄 수 있어서 지금은 전보다 의식이 많이 뚜렸해 진 것을 가족 모두 느끼고 있습니다. 이런 현상이 씨놀 때문인지는 정확히 알 수 없지만 참으로 놀랍고 고마운 경험이었습니다.

♣ 위의 사례는 씨놀 성분이 뇌로 침투하는 속효성으로 인하여 뇌 속의 활성산소와 염증을 줄이고 뇌혈류를 개선시키면서 그런 효과가 일어 난 것으로 추정해 본다. 그리고 인지력이 좋아진 것은 기억력과 인지력에 작용하는 아세틸콜린이라는 신경전달 물질이 씨놀에 의해서 증가된 것으로 생각된다.

사례 5 : 서울의 이○석님의 사례 - 알레르기성 비염사례

저에게는 군대시절부터 무려 약 30년간이나 지속적으로 철이 바뀔 때마다 저를 괴롭혀온 만성 알레르기 비염이라는 불편한 친구가 있었습니다. 그동안 좋다는 제품과 병원치료를 꾸준히 받아 보았지만 처음에는 좀 듣는듯 하다가 나중에는 곧바로 재발하는 것을 반복했습니다.

그러다가 씨놀관련 강의를 듣던 중 알레르기 비염에 씨놀 성분이 효과가 있다는 내용을 듣고 꾸준히 3개월 동안 섭취해 보았습니다. 그런데 3개월이 지나는 동안 저는 어느 순간에 비염이 있었다는 것을 잊어버렸습니다. 어느 순간 좋아진 것입니다.

그 후로 저는 씨놀 제품을 꾸준히 섭취하고 있는데 다시 재발하지 않고 있고 지구력도 좋아지고 기억력도 좋아진 것 같아 씨놀제품에 감사하고 있습니다.

♣ 위의 사례는 씨놀성분이 알레르기를 일으키는 알레르기 특이의 항체인 IgE의 분비를 억제하거나, Fc 수용체를 억제하여 염증 매개물질인 히스타민의 억제를 유도할 수 있다는 연구결과를 뒷받침하는 임상결과로 생각된다.

사례 6 : 서울의 오○희님의 사례 - 관절통증완화 사례

고객 중의 한분이 상담 중에 언니 분이 무릎 관절염이 심하여 한달에 3번 정도 물을 빼야만 견디는 사람이 있다고 좋은 제품이 없느냐고 하길래 씨놀 성분이 함유된 릴렉스 크림을 권해 주었다. 그 분이 그 제품을 하나 사가지고 가셔서 2달 정도 지난 후에 다시 제 연구소를 방문하였는데 그분이 하는 말이 그 때 전해 주신 제품이 도대체 뭐가 들어 있기에 약으로도 잡이지 않던 무릎 통증이 좋아지느냐고 놀라워 하셨다. 그 크림을 하루에 3번 정도 꾸준히 발랐는데 이제는 한 달에 한번 정도만 가서 물을 빼도 통증을 견딜 만하다고 언니가 고마워 한다는 내용이었다.

♣ 씨놀은 씨놀을 구성하는 디벤조-p-디옥신 유도체가 염증 개선 효과가 뛰어나 관절염 치료용 조성물로 국내 특허를 받았는데 이러한 내용이 그대로 현장에서 그대로 재현되는 것으로 보인다.

사례 7 : 김해시 이○란님의 사례 - 만성 두통, 불면증, 어지럼증 사례

7~8년 전 저는 심한 화병과 스트레스로 속을 부글부글 끓이고 있었던 적이 있었습니다. 그 후휴증으로 심한 우울증과 불안증, 어지럼증 그리고 극심한 두통과 불면증으로 밤에 잠을 잘 수가 없었습니다. 머릿속이 뜨겁게 들끓고 혈관이 터질 듯한 느낌이었습니다.

CT나 MRA를 찍어도 나타나지 않는 이름 모를 병마와 싸우느라 정말 고통스러운 나날을 보내야 했습니다. 사람들은 정신과 치료를 권하기도 했습니다. 그래서 밤만 되면 불안해지고 너무 힘든 생활이 계속되었습니다.

베게를 계속 접어가면서 밤을 꼬박 새는 날이 한두 날이 아니었습니다. 그래서 이것을 해결해보려고 제품이 좋다 하면 아무 의심 없이 이것 저것 시도해보지 않은 것이 없었고 심지어 신병으로 의심되어 무당집을 가본적도 있었으며 정말 죽기보다 힘든 고통스러운 나날이었습니다.

그러다가 우연히 씨놀 제품이 좋다는 말을 아는 사람으로 부터 전해 들었지만 그냥 똑 같겠지 하고 무시해 버렸습니다. 그러던 중 우연히 방송에서 제주도 감태의 우수성과 신비성에 대한 방송이 반영되고 있었습니다.

들어본 감태이기에 숨을 고르면서 시청했습니다. 그리고 혹시 내 병에 도움이 되지 않을 까 생각이 들어서 처음 알려준 분께 다시 제품에 대하여 물어보았습니다. 그러자 몇 가지 씨놀이 함유된 제품을 추천해주셨습니다. 그래서 그 제품을 밤에 통증이 오거나 잠을 뒤척일 때마다 하루 2~3회를 섭취했습니다. 그런데 너무도 놀랍게도 단 4일 만에 그렇게도 고생하던 두통과 불면증이 사라지고 정말 오랜만에 깊은 수면을 취할 수 있었습니다. 그리고 손발에 온열이 느껴지면서 온몸이 편안해지는 것을 느낄 수 있었습니다.

정말 감사할 따름입니다. 씨놀을 개발한 연구자들에게 깊이 감사드리며 씨놀이 전 세계로 나아가 많은 사람들의 고통을 해결해 주었으면 좋겠습니다. 저에게 씨놀의 만남은 행운이었습니다.

♣ 위의 사례는 심한 스트레스로 인하여 자율신경의 부조화로 인한 신경계와 여러 가지 호르몬의 불균형으로 인한 증상으로 보인다. 씨놀의 특성 중 특히 부교감신경에 작용하는 아세틸콜린 신경전달물질의 촉진 작용이 있기 때문에 스트레스로 인한 불면증과 자율신경 이상, 우울증 등에 도움이 되었으리라 생

각된다. 그리고 씨놀이 뇌혈류 개선에 많은 도움이 되므로 만성적인 두통에도 효과를 보셨을 것으로 생각된다.

사례 8 : 대구시 최○겸님의 사례 - 이석증에 의한 어지럼증 개선

2014년 10월 26일 일요일 평소 스트레스가 좀 있어서 쉬고 있었는데 갑자기 자고 일어나는데 회오리 바람이 심하게 일어나면서 심하게 핑 도는 것이었습니다. 그리고 구토를 일으키면서 쓰러졌습니다. 그래서 급하게 근처 병원응급실에 실려 갔습니다.

병명은 귀의 달팽이관의 "이석"이 이동되어서 온 어지러움증(이석승)이었습니다. 응급조치를 하고 병원 처방전을 들고 집으로 돌아와서 처방약을 먹어도 어지러움증이 계속되었습니다. 그래서 혈액순환에 좋고 뇌로 영양물질이 들어간다는 씨놀 제품을 보통 사람들이 먹는 양보다 3배정도 늘려서 아침에 5알, 저녁에 5알 정도를 섭취했습니다. 그러자 약 1주일정도부터 서서히 개선되면서 보름 후에는 완전히 그 증상이 사라졌고 피곤한 증상도 많이 사라졌습니다. 너무 신기하고 감사했습니다.

♣ 이석은 귀의 반고리관 주변에 위치하면서 몸의 균형유지에 관여하는 중요한 기능이다.

그런데 이석이 원래 위치에서 떨어져 나와 반고리관 주변을 돌아다니게 되면 신경을 과도하게 자극하게 되면서 느끼는 증상이다. 씨놀을 통한 이석증의 개선 사례는 독특한 사례이지만 이석증의 발병원인도 퇴행성 질환의 하나로 허혈로 인하여 칼슘대사 이상 등으로 이석이 지나치게 생기거나 떨어져 나와서 신경을 자극하는 경우에 어리점증을 일으키는 질병이므로 혈행을 개선하면 대사가 원활해져서 유동성 석회화를 막고 불완전한 이석 생성을 막을 수 있다는 생각이다.

사례 9 : 대구 윤○숙님의 사례 57세 - 만성적인 몸의 불편반응이 개선된 사례

저는 올해 57세 된 여성입니다. 저는 씨놀을 통해서 너무 힘들었던 몸의 건강상태를 회복하게 되어 내가 직접 체험한 이야기를 전하려 합니다. 현재 저는 2013년 9월 9일부터 현재까지 씨놀이 함유된 건강식품를 꾸준히 섭취하고 있습니다.

처음에 놀란 것은 처음 섭취 후 이틀 반 만에 나타난 현상인데 오전에 노트북 앞에 앉았는데 오른쪽 이마가 스물스물거려 손으로 힘껏 때렸습니다. 그런 후 이번에는 왼쪽 이마가 스물스물거려서 이번엔 더 쎄게 때리고 막 문질러 버렸습니다. 왜냐하면 어젯밤 안방에서 모기 소리가 나서 모기인가 싶어 죽으라고 때렸던 것입니다. 그런데 이번에는 또 왼쪽 발등이 스~물 스~물하는 것이었습니다. 그래서 그때서야 모기가 아니라 씨놀제품이 들어가서 반응하고 있다는 것을 알았습니다. 그동안 제대로 활동하지 못하고 잠자던 세포들이 움직인다는 느낌이었습니다. 저는 매우 기뻤고 컨디션도 매우 좋아지는 느낌이어서 제품을 잘 섭취했다고 생각했습니다. 그런 후 정말 놀라운 반응들이 내 몸 구석구석에서 일어나는 것이었습니다. 하나하나 그 사례들을 적어보겠습니다.

- 저는 머리를 감고 나서 말리다 보면 방바닥이 새까말 정도로 머리카락이 빠져서 탈모 때문에 병원에 다니던 사람인데 어느 날부터 머리 빠짐이 현저히 줄어들면서 머리가 나기도 하며 모발이 굵어지는 걸 느끼고 머리카락이 풍성해졌다는 걸 느낄 수 있었습니다.

심지어 다니던 미용실에 원장이 머리를 감기면서 하는 말이 원래 머리카락이 이랬나? 하더라구요. 그래서 저는 씨놀샴푸를 사용하고 있다고 하니 많이 놀라는 표정이었습니다. 지금은 그 분도 씨놀샴푸의 애용자가 되어계십니다.

- 어느 날부터 잇몸이 시려 차거운 아이스크림을 이로 베어 먹지 못하고 또 양치를 하면 잇몸에 피가 벌겋게 나기 시작하여 잇몸 약을 먹어보기도 했지만 해결되지 않았었는데 씨놀이 함유된 치약을 사용하면서부터 이가 시리고 피가 나서 치과 가는 일이 아직 없습니다. 참 신기하더라구요.

- 결혼하기 전부터 한두 번씩 편두통이 아주 심하여 처음엔 약국에서 진통제를 복용하였었고 결혼을 해서도 여전하여 점점 진통제를 먹어도 잘 듣지를 않아 병원에서 처방받아 약 복용을 했는데 끝내는 MRI까지 촬영을 했습니다. 나의 뇌가 아무래도 이상이 있는 거 아닌가 해서 말입니다. 그런데 결과에는 별 이상은 없이 꾸준히 아팠습니다. 그런데 씨놀 제품을 섭취 후 복용 후 2~3개월째부터 통증이 서서히 약해지는 느끼게 들었고 5~6개월 이후부터는 편두통 증세가 완전히 사라져서 지금까지 통증 없이 잘 지내고 있습니다.

- 씨놀제품을 섭취 후 4~5 개월쯤 어느 날 발톱을 자르다가 놀랬습니다. 무좀으로 인하여 오른쪽 두 번째 발톱이 까맣게 색이 죽었었는데 희끗 희끗 변하는 걸 보게 된 것입니다. 사진을 찍었고 이후에 변하는 과정을 2번 더 찍어 증거를 남겨 놓았으며 지금은 아주 좋아졌어요.

- 여자들 갱년기 되면 뒤꿈치가 쩍쩍 갈라지는 거 다 아시죠?

그래서 목욕탕 가면 중 후반 된 여자들이 거의 돌에 발뒤꿈치를 문지르기도 하고 면도칼 같은 것으로 깎아 내기도 하는 광경을 어렵지 않게 볼 수 있습니다.

저 역시도 다르지 않았고 잘 때에 남편의 발이 닿으면 하도 민망해서 얼른 발을 빼곤 할 정도 였습니다. 근데 어느 날 보니 그렇던 나의 발뒤꿈치가 반들반들 매끄러워져 있었어요. 참으로 신기한 현상이었습니다.

- 여자들이 정도의 차이는 있지만 냉이라는 것이 거의 있습니다. 그래도 정말 가기 싫은게 산부인과입니다. 씨놀 제품을 먹은지 5~6개월 만에 나타난 신기한 명현반응이 있었는데 처음에는 물컹물컹 무언가가 쏟아지는데 맨 처음에는 생리하는 줄 알았어요.

그런데 다시 보니 냉이 쏟아지는데 거의 한달 가까이 그러더니 지금은 너무나도 깨끗해 졌습니다. 참 고마운 일입니다.

- 올해 나이 57세 많지 않은 나이인데 계단을 오르려면 무릎이 새큰거리며 아파서 계단을 오를 때에 난간을 붙잡고 올라갔었지요. 무릎에 가해지는 체중을 줄여 보려구요. 그런데 씨놀을 꾸준히 섭취하고 나니 어느 날부터 서서히 좋아지더니 지금은 아팠었던 기억만 있을 뿐 아무렇지 않습니다.

- 올해 80세 된 제 친정 엄마 이야기 좀 해야겠어요. 다리가 내 다리의 3배는 되어 보였습니다. 무릎이 아파서 진통제를 하루도 먹지 않고는 견딜 수가 없었고 파스를 매일 붙이고 사셨으며 바닥에 앉았다 일어서시려면 앉아 뭉갠다고 표현을 할 정도로 매우 힘들었던 형편 이였습니다. 그런 제 엄마였었는데 씨놀 제품

을 드시면서 씨놀 릴렉스크림을 바르시게 하였는데 어느 날 엄마가 그러셨어요. 다리에 붓기가 다 빠졌다고!!!

그러시면서 진통제 버리고 파스 붙이지 않고 거뜬하게 걸음을 걸으시더라구요.

엄마는 연세가 있으셔서 솔직히 별 기대는 하지 않았었습니다만 그렇게 염증에 좋다는 씨놀제품과 무릎 아픈데 좋다는 씨놀크림 써 보지도 않고 돌아가시고 나면 후회 할까봐 사 드렸었는데 대박이였습니다. 씨놀은 제가 효도를 하게해준 고마운 선물입니다.

- 2014년 12월 26일 금요일에 건강검진을 하게 됐고 그 중에 위내시경을 하게 됐고 내시경 결과를 들으면서 또 한번 씨놀제품의 효능을 알게 됐습니다.

위에 뭔가가 있었는데 그게 다 아물었고 지금은 흔적만 남아 있다는 애기를 들었으며 2년 전에 식도염으로 약까지 처방 받았었는데 사실은 약을 받긴 받았어도 식탁 위에 놓았다가 쓰레기통에 버렸었거든요. 그런데 그 식도에도 이상이 없다 하며 사진을 보여주면서 위와 식도에 흔적을 설명해 주는데 내가 보기엔 우리가 옷에 음식물 같은 것이 튀면 세제나 비누 내지는 물로 헹구잖아요? 그렇게 하고나서 젖은 것이 마르고 나면 왠지 자국의 선이 생겨있는 걸 보게 되는데 마치 그 것과 같아 보였습니다.

- 참고로 저의 몸 상태를 말하자면 맥을 볼 줄 아는 사람들로부터 들은 애기입니다. '숨만 깔딱거린다'. 또 어떤 사람은 '남편이 나의 몸이 이렇게 안 좋은 걸 아냐'고 묻기도 했으며 그렇게 물을 때에 '나도 내 몸 상태를 다 모르는데 남편이 어떻게 알겠어요' 한 기억이 있습니다. 소화기관도 넘 좋지 않아 6개월 동안 죽

만 먹고 지낸 적도 있으며 혈액 순환이 되지 않아 손발이 차가워 반가운 사람을 만나도 손을 잡기가 민망했습니다.

그리고 소화가 안 되거나 피곤하면 잠을 충분히 자지 못하기도 하고 그러면 여러 가지 알수 없는 부종에 사람 만나는 것이 꺼려질 정도였습니다. 검사하니 시력도 많이 저하되었었는데 지금은 모두 양쪽 다 1.5 나왔어요.

주변에 예전에 나를 아는 사람들이 하는 말입니다.

"씨놀 없었으면 어쩔뻔 했노. 호호호!"

난 정말 씨놀로 다시 한번 태어나고 만들어져 가는 몸입니다. 씨놀을 만난 이후 하늘 아래 건강식품으론 씨놀 외에 더 나은 것, 더 좋은 것이 없다는 생각으로 오늘도 씨놀 덕분에 행복하게 살고 있습니다.

♣ 위의 사례는 씨놀이 가지고 있는 대표적인 특성들이 한 사람에게 모두 나타난 사례이다. 특히 모세혈관이 막히고 기가 약해서 혈액순환이 안 되어 세포에게 영양과 산소가 공급이 제대로 되지 않은 상태여서 여러 가지 몸에 불편반응이 나온 것으로 생각된다. 씨놀의 특성은 따뜻하고 강한 에너지를 가지며 모세혈관을 확장하고 미세 만성 염증을 개성하는 것이 특징인데 그것이 몸에 작용하여 세포 자체적으로 정화작업을 진행시켜서 몸이 개선되어 나온 경우로 보인다.

사례 10 : 대구 강○심님의 사례 51세 - 파킨슨 병 환자의 씨놀 경험 사례

현재 저는 파킨슨씨병 환자입니다. 병원 약을 먹지 않으면 몸이 막 흔들리고 힘이 없어집니다. 그런데 약 20일 전부터 씨놀 제품을 2시간 간격으로 먹고 있습니다. 그런데 처음 며칠간에는 심장이 막 두근거렸습니다. 그런데 지금은 그 증상이 사라졌습니다. 씨놀제품을 먹으니 특이한 것은 몸에 힘이 생기고 오그라드는 것이 줄어 들었습니다. 운동을 하고 싶어도 하기가 어려웠는데 힘이 많이 생겨서 이제는 자신이 생깁니다. 약을 같이 복용하고 있으며 이제는 희망이 보입니다.

♣ 파킨슨씨병은 사실 하루아침에 좋아지는 병은 아니다. 도파민이라는 신경전달물질을 분비하는 신경세포의 퇴화로 발생되기 때문에 신경세포가 복원되지 않는 한 완치된다고 볼 수 없다. 그러나 사람의 뇌의 신경세포는 스스로 환경만 잘 조성되면 그 기능을 다른 세포가 대신해서 작용하는 뇌 가소성의 힘이다. 이때 가장 중요한 것은 운동인데 파킨슨 환자의 경우에는 운동할 힘이나 에너지가 매우 떨어진다는 것이다. 그런데 씨놀은 기운을 높이고 뇌의 염증환경과 활성산소를 제거하여 뉴런의 기능을 최대한 활성회시키는데 크게 도움이 되리라는 생각이 든다. 그리고 뇌의 뉴런도 줄기세포의 작용으로 복구가 될 수 있는 가능성이 있다는 연구가 발표되고 있기 때문에 뇌혈류장벽BBB를 통과하여 뇌신경의 환경을 좋게하는 씨놀은 퇴행성 뇌질환에 매우 도움이 될 것이라는 것은 확실해 보인다.

사례 11 : 대구 김○경님의 사례 48세 - 망막 박리증으로 인한 시력저하와 항암의 부작용을 극복하다.

제가 처음 씨놀을 만난 것은 2014년 12월이었습니다.

그 당시 저는 10월에 갑자기 눈앞이 보이지를 않아서 영남대 안과에서 망막박리증이라는 진단을 받고 수술과 치료를 받고 있었지만 좀처럼 시력이 회복되지 않았습니다.

그래서 씨놀 제품이 좋다는 말을 듣고 씨놀 제품을 소량씩 먹는 둥 마는 둥하다가 2월에 갑자기 유방암 2기 초 진단을 받고 항암과 방사능치료를 받았습니다.

1차 항암 시에는 몸이 너무 힘들고 운동할 기력이 나지를 않고 항암제의 부작용이 이런 것이구나 하고 체험하는 순간이었습니다.

그래서 운동을 할 때 씨놀제품의 섭취 양을 좀 늘려서 섭취하고 씨놀음료를 섭취하게 되었는데 그때부터 힘이 막 나고 운동을 해도 힘이 들지가 않았습니다. 그 후 2차 항암시까지도 부작용이 심하다는 항암치료와 방사선 치료를 받고 있는데도 머리카락이 하나도 빠지지 않고 체력도 저하되지 않았습니다.

그래서 담당선생님들도 너무 생생하게 다니니까 오히려 몸을 돌보라고 하시더라구요. 그리고 씨놀제품을 먹고 샴푸하고 했더니 머리가 오히려 굵어지고 잔털이 나더라구요. 그리고 더 놀라운 것은 안과에서 검사를 하는데 시력이 좋아졌는데 왜 좋아졌는지를 모르겠다고 하더군요. 그리고 오늘은 강의 듣는데 앞의 강의 내용이 맨 앞에서도 보이지가 않았는데 오늘은 두 번째 자리에서도 그 글자가 다 보이더라구요. 정말 신기하고 놀라웠습니다.

저도 무척 놀라웠고 씨놀의 덕택이라는 생각이 들었어요. 그리고 항암을 하는데 갑자기 이가 아픈 통증이 생겨서 치과에 가니 항암시에는 치료가 어렵다고 하더군요. 그래서 씨놀치약을 열심히 사용해 보기로 하고 사용해보니 정말 며칠 지나지 않아서 통증이 사라지더라구요. 정말 신기하고 고마운 씨놀의 혜택을 톡톡히 보고 있어요.

♣ 씨놀의 기전을 보면 암세포의 미세 염증환경을 개선한다는 내용과 함암치료시 암을 죽이는 활성산소는 증가시키고 정상세포를 파괴하는 활성산소는 없애는 독특한 기전이 소개되는데 이러한 기전이 작용되고 있는 것으로 보인다.

그리고 시력이 좋아지는 경우는 시력저하의 주된 원인은 햇빛 자외선에 의한 활성산소가 가장 주된 원인인데 씨놀의 높은 항산화력은 이러한 원인을 소거하는데 충분히 기여했을 거라는 생각이 든다.

Epilogue

태어난 모든 사람은 누구나 늙거나 병들어 간다. 이러한 사실을 누구나 알지만 어느 날 자신에게 갑자기 질병이 찾아오면 왜 자신에게 이러한 질병이 찾아왔는지를 생각하게 된다.

내가 상담하는 환자들 중에 많은 사람들이 암 환자인데 그분들의 사연을 듣고 있노라면 누구라도 올 수 있는 질병이 암이고 암이 오게 되면 환자는 매우 고통스러운 삶의 과정을 견디어야 한다는 것을 느끼게 된다.

질병은 우리들에게 재앙과도 같은 것이지만 또 한편으로는 영혼의 성장과 진화를 위한 삶의 소중한 선물이기도 하다.

모든 것이 원인 없는 결과가 없듯이 질병에도 반드시 원인이 있고 그 원인이 쌓이면 반드시 질병이라는 결과를 가져온다.

질병의 가장 큰 원인은 잘못된 음식과 생활습관이다. 그러나 우리는 자신의 의지로 음식과 생활환경을 지배하기가 매우 힘든 사회적 환경에 살고 있다. 따라서 자신이 보기에는 생활습관을 잘 절제하고 규칙적인 생활을 하면서 좋은 음식을 선택해서 섭취한 분들에게서도 암이 발견되는 경우가 종종 있는데 이것은 이미 질병에 대한 우리의 환경적인 여건이 개인의 통제력을 벗어나 있다는 증거이다.

그렇기 때문에 방송에 나오는 의사들은 질병의 조기발견에 대한 사전 검사에 대하여 강조를 하고 초기에 제거하거나 없애는 방법을 강조한다. 그러나 이것은 예방하고 건강한 삶을 사는 방법이라기보다는 죽음을 피하기 위한 소극적인 대처법이라는 생각이 든다.

생명과학에서는 만병의 시작은 만성적인 염증에서부터 시작된다고 말한다.

우리들의 몸에는 끝없는 세균과 바이러스, 독성화학 물질, 대사산물들이 원인이 되어 면역세포가 일으키는 미세 염증이 수시로 발생되고 사라진다. 그 과정에서 세포와 조직이 파괴되고 파괴된 조직과 세포는 각각의 장기의 기능부진으로 이어져서 결국은 퇴행성 질병을 발생시킨다.

결국 우리 몸속의 미세 염증은 인간들의 힘으로는 막을 수가 없는 것이며 이로 인한 세포의 노화 또한 피할 수 없는 게 현실이다.

나는 오래 세월동안 인간의 노화와 질병의 원인을 연구하는 과정에서 활성산소와 염증에 대한 강력한 대처가 질병의 예방과 치유에 가장 최선의 길임을 알게 되었다.

요즘 유행하는 해독이라는 것도 알고 보면 염증의 유발인자인 독성화학물질을 체내에서 배출시킨다는 이야기이며 또한 여러 가지 칼라푸드와 항산화제들은 면역반응 중에 발생되는 지나친 활성산소를 제거하기 위한 것이다.

이러한 이유로 나는 한국이 낳은 최고의 항산화제 씨놀은 인류의 오랜 숙원인 노화를 되돌리고 질병 없는 건강한 노후를 위하여 매우 중요한 바다의 선물이라는 생각이 든다.

세포는 활성산소와 염증에 매우 취약하여 중요한 장기의 이미 죽어 버린 세포의 숫자를 젊은 시절만큼 늘리기는 매우 어려울 수 있다. 그러나 현재 남아 있는 세포의 숫자를 최대한 건강하게 보전하는 일은 빠르면 빠를수록 좋을 것이다.

필자의 생각으로는 세포의 노화는 이미 30대 초반부터 급격히 시작되고 40대 중반부터는 그 가속도가 붙어서 50대 이후에는 눈에 보이게 모든 장기가 퇴화되고 질병에 쉽게 노출된다.

많은 사람들의 세포 나이 검사인 BIA[Bio Impedance Analysis] TEST 결과를 보면 충분한 항산화제와 영양섭취, 그리고 규칙적인 운동(유산소운동과 근력운동)을 하시고 계신 분들은 세포의 노화도가 10년 이상 젊게 유지되는 반면 반대의 경우에는 10년 이상 세포의 노화가 촉진되고 있음을 알 수 있다.

내가 식품영양보다는 임상영양학의 한 분야인 기능영양학에 관심을 가지게 된 배경도 이미 노화와 질병에 노출된 사람들의 경우에는 특정한 음식만 바꾸어서는 노화와 질병을 되돌리기에는 매우 오랜 시간이 걸리고 쉽게 되돌리기가 어렵다는 이유 때문이다.

그러나 씨놀과 같은 천연 성분의 항산화제들은 그 효력이 약과 같거나 그 이상을 발휘하면서 부작용이 거의 없다는 특징을 가지고 있어서 예방을 위하거나 질병의 치료를 위해서 현대인들의 건강관리에 매우 중요한 도구가 될 것으로 확신한다.

하지만 씨놀이 아무리 좋은 성질을 가지고 있다고 해도 우리 몸의 수십 가지의 영양소의 기능을 대신한다는 착각을 해서는 안 된다. 본문에서 설명한 씨놀의 특징을 잘 이해하고 평소의 건강한 식습관을 지키면서 씨놀을 활용한다면 무병장수의 희망도 결코 어려운 이야기는 아닐 것이다.

아무쪼록 세계가 인정하는 '다기능 초강력 슈퍼 항산화제 씨놀'을 알게 되어 매우 행운이라고 생각되며 질병으로 고통 받는 많은 환우들이 이 정보를 공유하고 잘 활용함으로써 건강하고 행복한 삶을 영위하길 바란다. 자신의 건강관리는 자신을 위한 것이 아닌 바로 가족을 위한 사랑의 실천이기 때문이다.

“세치 혀의 미각을 위하여 아무것이나 먹지 말라. 그것이 그대에게 미래의 질병의 씨앗이 되고 재앙의 원인이 된다.”

이것이 맛이 좋은 음식보다는 몸에 이로운 음식을 섭취해야 하는 이유이다.

- 2015년 7월 관악산 자락에서

참고자료

1) Low-level environmental lead exposure in childhood and adult intellectual
function: a follow-up study Environmental Health 2011, 10:24 doi:10.1186/1476-069X-10-24

2) Influence of a five-day vegetarian diet on urinary levels of antibiotics and phthalate metabolites : A pilot study with "TempleStay" participants Kyung hee Ji a, Young Lim Kho b, Yoon suk Park a, Kyung ho Choi a,n(2009)

3) Chemical components and its antioxidant properties in vitro: an edible marine brown alga, Ecklonia cava
Li Y, Qian ZJ, Ryu B, See SH, Kim MM, Kim SK; Bioog Med Chem. 2009 Mar 1; 17(5): 1963-73. Epub 2009 Jan 21.

4) Antioxidant activities of phlorotannins purified from Ecklonia cava on free radical scavenging using ESR and H2O2-mediated DNA damage Ahn G-N, Kim K-N, Cha S-H, Song C-B, Lee J,
Heo M-S, Yeo I-K, Lee N-H, Jee Y-H, Kim J-S, Heu M-S, Jeon Y-J, European food research & technology ISSN 1438-2377, 2007, vol. 226, no1-2, pp. 71-79

5) An anti-oxidative and anti-inflammatory agent for potential treatment of osteoarthritis from Ecklonia cava
Shin HC, Hwang HJ, Kang KJ, Lee B; Arch Pharm Res. 2006 Feb; 29(2): 165-71

6) Photochemoprevention of UVB-induced skin carcinogenesis in SKH-1 mice by brown algae polyphenols Hwang H, Chen T, Nines RG, Shin HC, Stoner GD; Int J Cancer. 2006 Dec 15; 119(12): 2742-9.

7) Antioxidant activities of phlorotannins purified from Ecklonia cava on free radical scavenging using ESR and H2O2-mediated DNA damage.
Gin-Nae Ahn · Kil-Nam Kim · Seon-Heui Cha · Choon-Bok Song · Jehee Lee · Moon-Soo Heo · In-Kyu Yeo · Nam-Ho Lee · Young-Heun Jee · Jin-Soo Kim · Min-Soo Heu · You-Jin Jeon.
Eur Food Res Technol(2007) 226:71–79 DOI 10.1007/s00217-006-0510-y

8) Anti-oxidative properties of brown algae polyphenolics and their perspectives as chemopreventive
agents against vascular risk factors Kang K, Park Y, Hwang HJ, Kim SH, Lee JG,
Shin H; Arch Pharm Res. 2003 Apr; 26(4): 286-93.

9) Effect of phlorotannins isolated from Ecklonia cava on melanogenesis and their protective effect against photo-oxidative stress induced by UV-B radiation Heo SJ, Ko SC, Cha SH, Kang DH, Park HS, Choi YU, Kim D, Jung WK, Jeon YJ; Toxicol In Vitro. 2009 Sep; 23(6): 1123-30. Epub 2009 May 31.

10) Protective effects of dieckol isolated from Ecklonia cava against high glucose-induced oxidative stress in human umbilical vein endothelial cells Lee SH, Han JS, Heo SJ, Hwang JY, Jeon Y; Toxicol In Vitro. 2009 Nov 5. [Epub ahead of print]

11) Inhibitory phlorotannins from the edible brown alga Ecklonia stolonifera on total reactive oxygen species(ROS) generation Kang HS, Chung HY, Kim JY, Son BW, Jung HA, Choi JS; Arch Pharm Res. 2004 Feb; 27(2): 194-8.

12) Cytoprotective effect of phloroglucinol on oxidative stress induced cell damage via catalase activation Kang KA, Lee KH, Chae S, Zhang R, Jung MS, Ham YM, Baik JS, Lee NH, Hyun JW. J Cell Biochem. 2006 Feb 15; 97(3): 609-20

13) Up-regulation of Nrf2-mediated heme oxygenase-1 expression by eckol, a phlorotannin compound, through activation of Erk and PI3K/Akt Kim KC, Kang KA, Zhang R, Piao MJ, Kim GY, Kang MY, Lee SJ, Lee NH, Surh YJ, Hyun JW, Int J Biochem Cell Biol. 2010 Feb; 42(2): 297-305. Epub 2009 Nov 18.

14) Triphlorethol-A from Ecklonia cava protects V79-4 lung fibroblast against hydrogen peroxide induced cell damage Kang KA, Lee KH, Chae S, Koh YS, Yoo B-S, Kim JH, Ham YM, Baik JS, Lee NH, Hyun JW; Free Radical Research, August 2005; 39(8): 883-892.

15) Antioxidant Potential of Ecklonia cava on Reactive Oxygen Species Scavenging, Metal Chelating, Reducing Power and Lipid Peroxidation Inhibition M. Senevirathne, SH Kim, N Siriwardhana, JH Ha, KW Lee, YJ Jeon; Food Sci Tech Int 2006; 12(1) 27-38.

16) Brunswick Laboratories ORAC Analysis, 05-0222, 02-04-05.

17) Antifungal Activities of Dieckol Isolated from the Marine Brown Alga Ecklonia cava against Trichophyton rubrum in Hee Lee1, Kyung Bok Lee2, Sang Mook Oh2, Bong Ho Lee3, and Hee Youn Chee1 J. Korean Soc. Appl. Biol. Chem. 53(4), 504-507(2010)

18) Antibacterial Activity of Ecklonia cava Against Methicillin-Resistant Staphylococcus aureus and Salmonella spp. FOODBORNE PATHOGENS AND DISEASE Volume 7, Number 4, 2010
ª Mary Ann Liebert, Inc. DOI: 10.1089=fpd.2009.0434

19) Anti-HIV-1 activity of phloroglucinol derivative, 6,60-bieckol, from Ecklonia cava, Bioorganic & Medicinal Chemistry 16(2008) 7921–7926

20) Clinical Report for MBCES Trial, YS Jang, JH Lee, SEANOL Science Center Archive, 2001

21) Food Chem Toxicol. 2009 Jul;47(7):1653-8. Epub 2009 Apr 22.
Induction of apoptosis by phloroglucinol derivative from Ecklonia Cava in MCF-7 human breast cancer cells.
Food Chem Toxicol. 2009 Mar;47(3):555-60. doi: 10.1016/j.fct.2008.12.012. Epub 2008

Dec 25.
Source Marine Bioprocess Research Center, Pukyong National University, Busan 608-737, Republic of Korea.

22) Ecklonia cava extract suppresses the high-affinity IgE receptor, FcepsilonRI expression.
Source Institute of Marine Life Science, Pukyong National University, Busan 608-737, Republic of Korea.

23) Anti-allergic effects of phlorotannins on histamine release via binding inhibition between IgE and Fc epsilonRI.
J Agric Food Chem. 2008 Dec 24;56(24):12073-80. doi: 10.1021/jf802732n
SourceMarine Bioprocess Research Center, Pukyong National University, Busan 608-737, Republic of Korea.

24) Effects of Ecklonia cava ethanolic extracts on airway hyper responsiveness and inflammation in a murine asthma model: role of suppressor of cytokine signaling.
Biomed Pharmacother. 2008 Jun;62(5):289-96. Epub 2007 Aug 10.
SourceMarine Bioprocess Research Center, Pukyong National University, Busan 608-737, Republic of Korea.

25) Effect of Ecklonia cava Water Extracts on Inhibition of IgE in Food Allergy Mouse Model.
J Korean Soc Food Sci Nutr 39(12), 1776 ~ 1782(2010)

26) Angiotensin-converting enzyme I inhibitory activity of phlorotannins from Ecklonia stolonifera HA Jung, SK Hyun, HR Kim, JS Choi; Fisheries Science, Volume 72, Number 6 / November, 2006, p. 1292-1299

27) Effect of SEANOL Supplementation on Hyperlipidemia Shin HC, Mirae Medical Foundation,December 2008

28) Improvement of Memory by Dieckol and Phlorofucofuroeckol in Ethanol-Treated Mice: Possible Involvement of the Inhibition of Acetylcholinesterase, Chang-Seon Myung, and et. al.

29) Summary Note for Effect of Ecklonia cava Extract in Cognitive Function as Measured by MMSE in Elderly Subjects, unpublished report, HW Lee, HC Shin, Mirae Clinic, Seoul, Korea.

30) Unpublished research findings -Down Regulation of Beta-APP by LSL4692(SEANOL), Prof. Bongho Lee(Dept. of Biotechnology, Hanbat National University, Korea); visiting scholar,National Institute of Aging, National Institute of Health, 2002.

31) Protective effi cacy of an Ecklonia cava extractused to treat transient focal ischemia of the rat brain.Jeong Hwan Kim, Nam Seob Lee, Yeong Gil Jeong, Je-Hun Lee, Eun Ji Kim, Seung Yun Han. Anat Cell Biol.2012 jun;45(2):103-13.Epub 2012

32) Improvement of Memory by Dieckol and Phlorofucofuroeckol in Ethanol-Treated Mice: Possible Involvement of the Inhibition of Acetylcholinesterase, Chang-Seon Myung, and et. al.,Arch Pharm Res, Vol. 28, No. 6, p. 691-698, June 2005

33) Improvement of memory by dieckol and phlorofucofuroeckol in ethanol-treated mice: possible involvement of the inhibition of acetylcholinesterase. Myung CS, Shin HC, Bao HY, Yeo SJ, Lee BH, Kang JS. Arch Pharm Res 28:691-698(2005).

34) Food Chem Toxicol. 2011 Sep;49(9):2252-9. Epub 2011 Jun 13.
Butanol extract of Ecklonia cava prevents production and aggregation of beta-amyloid, and reduces beta-amyloid mcdiated neuronal death.

35) Neurodegenerative disorders: New neurons repair Parkinson's brain.
- Nature Reviews Neuroscience 7, 684(September 2006) | doi:10.1038/nrn1999 -

36) Enriched environments, experience-dependent plasticity and disorders of the nervous system.
- Nature Reviews Neuroscience 7, 697-709(September 2006) | doi:10.1038/nrn1970

37) 닥터디톡스, 소금나무, 이영근, 최준영

38) Antioxidant activities of phlorotannins purified from Ecklonia cava on free radical scavenging using ESR and H2O2-mediated DNA damage
Eur Food Res Technol(2007) 226:71 -79,

39) Depress Effects on the Central Nervous System and Underlying Mechanism of Enzymatic Extract and Its Phlorotannin-Rich Fraction from Ecklonia cava Edible Brown Seaweed Biosci. Biotec. Biochem,76(1),163-168,2012

40) 씨놀이야기. Seanol Story - KT&G.

41) Antioxidative Properties of Brown Algae Polyphenolics and Their Perspectives as Chemopreventive Agents Against Vascular Risk Factors. K. Kang, Y. Park, H.J. Hwang, S.H. Kim, J.G. Lee, H-C Shin. Archives of Pharmacal Research Vol. 26, No. 4, 286-293, 2003.